普通高等教育"十三五"规划教材

基于OpenStack云计算架构

云计算技术与应用项目化教程

杨建清　吴道君　涂传唐　主　编
毛凤翔　陈小明　张　锴　副主编
王俊波　刘红兵

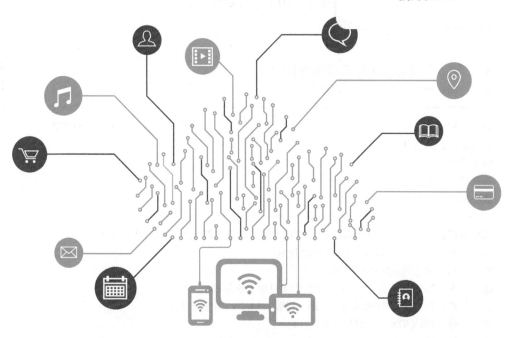

中国铁道出版社有限公司
CHINA RAILWAY PUBLISHING HOUSE CO., LTD.

内 容 简 介

随着云计算的不断发展，人们的生产和生活正越来越多地应用云计算技术，体验云计算带来的便利，本书通过实际案例讲解如何构建云计算架构、安装部署和具体应用。

本书共6个项目，主要包括：认识当前主流的云操作系统、认识 OpenStack 云操作系统、部署 OpenStack 云操作系统、用 OpenStack 构建公司云主机、用 OpenStack 部署公司数据中心、维护公司云数据中心云主机。本书完全采用项目实践的实际工作流程，并融入项目管理思想。每个项目包括项目情景、项目目标、项目任务等内容，将理论融入项目实践中，使读者能够较快掌握 OpenStack 云操作系统部署、云平台操作。

本书适合作为普通高等院校计算机网络专业、数据科学与大数据技术专业的教材，也适用于高职高专院校大数据技术与应用专业、计算机网络技术及相关专业学生学习，还可作为企业网络工程设计人员的培训教材和计算机爱好者的自学参考书。

图书在版编目（CIP）数据

云计算技术与应用项目化教程/杨建清，吴道君，涂传唐主编. —北京：中国铁道出版社有限公司，2019.9（2025.2 重印）
普通高等教育"十三五"规划教材
ISBN 978-7-113-25771-2

Ⅰ.①云… Ⅱ.①杨… ②吴… ③涂… Ⅲ.①云计算-高等学校-教材 Ⅳ.①TP393.027

中国版本图书馆 CIP 数据核字（2019）第 187217 号

书　　名：云计算技术与应用项目化教程
作　　者：杨建清　吴道君　涂传唐

策　　划：韩从付　　　　　　　　　　　　　　编辑部电话：（010）63549508
责任编辑：陆慧萍　绳　超
封面设计：尚明龙
责任校对：张玉华
责任印制：赵星辰

出版发行：中国铁道出版社有限公司（100054，北京市西城区右安门西街8号）
网　　址：https://www.tdpress.com/51eds
印　　刷：北京铭成印刷有限公司
版　　次：2019年9月第1版　2025年2月第5次印刷
开　　本：787 mm×1 092 mm　1/16　印张：14.25　字数：317千
书　　号：ISBN 978-7-113-25771-2
定　　价：45.00元

版权所有　侵权必究

凡购买铁道版图书，如有印制质量问题，请与本社教材图书营销部联系调换。电话：（010）63550836
打击盗版举报电话：（010）63549461

前言

本书是在行动导向教学思想的指导下,根据项目教学方法组织编写的,是校企合作、产教融合的产物。

全书基于开源的 OpenStack 云计算架构编写。共分 6 个项目,包含 29 个任务。主要内容如下:

项目一 认识当前主流的云操作系统,包含 2 个任务,目的是让读者认识云计算,认识当前主流的云操作系统。

项目二 认识 OpenStack 云操作系统,包含 2 个任务,目的是让读者认识 OpenStack 云操作系统架构,包含的组件以及组件的功能。

项目三 部署 OpenStack 云操作系统,包含 7 个任务,目的是让读者设计部署环境,部署 OpenStack 核心组件,搭建 OpenStack 运行环境和部署云管理平台。

项目四 用 OpenStack 构建公司云主机,包含 7 个任务,目的是让读者学会运用 OpenStack 云管理平台创建和管理云主机(实例)。本项目最后一个任务(通过云主机的通信理解 OpenStack 二层网络)是难点,希望读者认真研究,这对理解 OpenStack 虚拟网络很有帮助。

项目五 用 OpenStack 部署公司数据中心,包含 6 个任务,目的是让读者在项目四的基础上,策划设计私有云数据中心,部署和管理数据中心。本项目最后一个任务是难点,希望读者认真研究,这对理解 OpenStack 虚拟网络、虚拟路由很有帮助。

项目六 维护公司云数据中心云主机,包含 5 个任务,通过几个实际案例让读者学会分析日志的方法,为云数据中心的运维奠定基础。

书中的每个任务均包括学习目标、任务内容、任务实施、巩固与思考 4 部分;既具有理论性又具有实践性,所有理论知识的介绍均具有针对性。项目中的难点均在具体任务中进行相应的化解,使读者能够较快地掌握企业云平台架构的理论知识并切实提高云平台设计实施的实际操作能力以及自主学习能力和创新能力。

本书由广州市白云工商技师学院杨建清、广东岭南职业技术学院吴道君、广东科贸职业学院涂传唐任主编;信阳学院毛凤翔、广东省机械技师学院陈小明、广州市白云工商技师学院张锴、王俊波、刘红兵任副主编;安阳工学院王庆喜,广州市白云工商技师学院马晓滨、叶衍炜、卢烈楚参与了编写。其中,项目六由毛凤翔编写,其余章节由其他作者合作编写。全书由杨建清策划组织并统稿。

另外,在编写本书的过程中,云宏信息科技股份有限公司和广州鹏捷网络科技有限公司给予了相关的技术支持,在此表示衷心的感谢。

本书配套的 PPT 课件可以从 http://www.tdpress.com/51eds 上免费下载。

虽然编者已尽力做到最好,但由于软硬件环境的限制和编者水平所限,书中难免有疏漏之处,望同行和读者批评指正。

编 者

2019 年 6 月

目录

项目一 认识当前主流的云操作系统 ········· 1
任务一 认识云操作系统的发展状况 ········· 1
任务二 认识主流的云操作系统 ········· 4

项目二 认识 OpenStack 云操作系统 ········· 12
任务一 认识 OpenStack 云操作系统的发展 ········· 12
任务二 认识 OpenStack 云操作系统的架构 ········· 16

项目三 部署 OpenStack 云操作系统 ········· 24
任务一 环境准备工作 ········· 25
任务二 安装和配置 OpenStack 认证服务 ········· 37
任务三 安装镜像服务 ········· 44
任务四 安装计算服务 ········· 51
任务五 安装和配置网络服务 ········· 64
任务六 安装和配置块存储（Cinder）服务 ········· 79
任务七 安装和配置 Horizon 服务 ········· 88

项目四 用 OpenStack 构建公司云主机 ········· 91
任务一 制订计划 ········· 92
任务二 认识云平台操作界面 ········· 95
任务三 创建公司项目、用户、用户组和角色 ········· 103
任务四 创建公司网络和路由 ········· 112
任务五 创建公司安全组和密钥对 ········· 120
任务六 创建和启动一个实例（云主机） ········· 124
任务七 分析 OpenStack 二层网络桥接关系 ········· 133

项目五　用 OpenStack 部署公司数据中心 …… 146

- 任务一　制订计划 …… 147
- 任务二　创建数据中心项目、用户、用户组和角色 …… 152
- 任务三　创建数据中心网络和路由 …… 160
- 任务四　创建数据中心安全组和密钥对 …… 167
- 任务五　创建和启动云主机实例（云主机）…… 171
- 任务六　分析数据中心网络路由关系 …… 179

项目六　维护公司云数据中心云主机 …… 195

- 任务一　暂停和恢复实例及日志分析 …… 195
- 任务二　挂起和恢复实例及日志分析 …… 199
- 任务三　锁定和解锁实例及日志分析 …… 202
- 任务四　创建快照和恢复实例及日志分析 …… 206
- 任务五　调整实例规格及日志分析 …… 211

➡ 认识当前主流的云操作系统

项目情景

云涛公司已建设传统的网络。由于云计算的发展，为了节约能源，节省管理成本，通过董事会的决议，决定建立云计算平台。在具体选择哪种云操作系统问题上，公司决策层一时无法决定。

公司网络技术团队，在公司领导的授意下开展调查研究，充分调研当前主流的云操作系统，为公司决策层提供了决策依据。

项目目标

①了解云操作系统的发展历程；
②了解云操作系统的功能和组成；
③了解主流云操作系统的特点及功能；
④提高搜集资料、分析、总结、归纳的能力。

任务一　认识云操作系统的发展状况

学习目标

①理解云计算及其特点；
②了解云操作系统及其特点；
③了解云操作系统的发展历程；
④通过自我学习，全面提升信息搜索能力。

任务内容

本任务是认识云操作系统，了解云操作系统的发展状况及各自特点，正确认识云操作系统的发展趋势，为选择云操作系统提供参考。

任务实施

一、认识云计算

云计算（Cloud Computing）是基于互联网的相关服务的增加、使用和交互模式，通常涉及通过互联网来提供动态易扩展且经常是虚拟化的资源。云是网络、互联网的一种比喻说法。过去在网络云图中往往用云来表示电信网，后来也用来表示互联网和底层基础设施。因此，云计算具有每秒10万亿次的运算能力。拥有这么强大的运算能力可以模拟核爆炸、预测气候变化和市场发展趋势。用户通过计算机、手机等方式接入数据中心，按自己的需求进行运算。

对云计算的定义有多种说法，对于什么是云计算，可以找到很多种解释。就目前而言，现在广为接受的是美国国家标准与技术研究院（NIST）对于云计算的定义：云计算是一种按使用量付费的模式，这种模式提供可用的、便捷的、按需的网络访问功能，进入可配置的计算资源共享池（资源包括网络、服务器、存储、应用软件、服务），这些资源能够被快速提供，只需投入很少的管理工作，或与服务供应商进行很少的交互。

云计算具有如下特点：

（1）超大规模

"云"具有相当的规模，谷歌（Google）云计算已经拥有100多万台服务器，亚马逊（Amazon）、国际商业机器公司（IBM）、微软（Microsoft）、雅虎（Yahoo）等的"云"均拥有几十万台服务器。企业私有云一般拥有数百甚至上千台服务器。

（2）虚拟化

云计算支持用户在任意位置、使用各种终端获取应用服务。所请求的资源来自"云"，而不是固定的、有形的实体。应用在"云"中某处运行，但实际上用户无须了解，也不用担心应用运行的具体位置。只需要一台计算机或者一部手机，就可以通过网络服务来实现所需要的一切，甚至包括超级计算这样的任务。

（3）高可靠性

"云"使用了数据多副本容错、计算结点同构可互换等措施来保障服务的高可靠性，使用云计算比使用本地计算机可靠。

（4）通用性

云计算不针对特定的应用，在"云"的支撑下可以构造出千变万化的应用，同一个"云"可以同时支撑不同的应用运行。

（5）高可扩展性

"云"的规模可以动态伸缩，满足应用和用户规模增长的需要。

（6）按需服务

"云"是一个庞大的资源池，可按需购买；云可以像自来水、电、煤气那样计费。

（7）极其廉价

由于"云"的特殊容错措施，可以采用极其廉价的结点来构成云。"云"的自动化集中式管理使大量企业无须负担日益高昂的数据中心管理成本；"云"的通用性使资源的利用率较之传统系统大幅提升，用户可以充分享受"云"的低成本优势。用户只要花费几百美元、几天时间就能完成以前需要数万美元、数月时间才能完成的任务。

（8）潜在的危险性

云计算服务除了提供计算服务外，还必然提供了存储服务。对于信息社会而言，"信息"是至关重要的。云计算中的数据对于数据所有者以外的其他用户是保密的，但是对于提供云计算的商业机构而言确实毫无秘密可言。

二、认识云操作系统

1. 云操作系统的概念

云操作系统又称云计算操作系统、云 OS、云计算中心操作系统，是以云计算、云存储技术作为支撑的操作系统，是云计算后台数据中心的整体管理运营系统，它是指构架于服务器、存储器、网络等基础硬件资源和单机操作系统、中间件、数据库等基础软件之上的，管理海量基础硬件、软件资源的云平台综合管理系统。

2. 云操作系统的组成

云操作系统，通常包含大规模基础软硬件管理、虚拟计算管理、分布式文件系统、业务/资源调度管理、安全管理控制等几大模块组。

3. 云操作系统的功能

同单机操作系统一样，云操作系统要协调和管理云计算平台中各模块之间的资源分配和协同工作。包括以下内容：

①能管理和驱动海量服务器、存储器等基础硬件，将一个数据中心的硬件资源逻辑上整合成一台服务器；

②为云应用软件提供统一、标准的接口；

③管理海量的计算任务以及资源调配。

三、认识云操作系统的发展历程

以计算机、微电子和通信技术为主的信息技术革命成为社会信息化的动力源泉。它的发展已经经历了两个阶段，目前已进入第三阶段，每一个阶段都有其代表性的操作系统。

第一阶段是计算机的出现。计算机的产生是 20 世纪重大的科技成果之一，它的飞速发展大大促进了知识经济的发展和社会信息化的进程，引起了社会的深刻变革。就计算方式而言，电子计算机经历了集中计算、分散计算和网络计算 3 个阶段。

1946 年，世界上第一台电子计算机 ENIAC 在美国宾夕法尼亚大学研制成功。在计算机诞生后的 20 年内，以大型机为主，计算都是通过大型机集中运算来完成的，有专门的程序员负责编程；有专门的录入人员负责录入与输出。使用者通过只有一个屏幕、一个键盘和一根主机连接线的"哑终端"与主机的应用程序进行交互。因为终端没有处理能力，所以任何事都需要依靠主机来做，包括终端显示。这一阶段的运算特点是由大型机集中计算，主要用于大型科学机构。

1981 年，IBM 公司推出了全球第一台个人计算机 IBM PC，微软公司专门为 IBM

PC 开发了 MS-DOS 操作系统，从此人们可以使用自己的微型计算机独立计算了。PC 的出现，使计算机迅速应用于社会的各行各业，但这一阶段的特点是由 PC 各自分散计算，但还多用于生产、科研，很少用于家庭生活。

此后，计算机的体积不断缩小、性能不断提升，先后经历了电子管、晶体管、集成电路、大规模和超大规模集成电路几个阶段。在此基础上，先后出现了各种不同软件公司的不同版本的操作系统。

第二阶段是网络的出现。网络的出现和 PC 技术的快速发展，使原本分散在世界各地的 PC 连接在一起，使计算机成为信息获取和交流的主要工具，使人类社会的各个方面无一例外地都与互联网息息相关：从交通、通信、电力、能源等国家重要基础设施，到卫星、飞机、航母等关键军用设施，再到与人民群众生活密切相关的教育、商业、文化、卫生等公共设施，都越来越依赖互联网。

1969 年，美国国防部高级研究计划署 ARPA 建立了世界上第一个分组交换试验网 ARPANET；1980 年，TCP/IP 协议研制成功。美国建立了基于 TCP/IP 技术的军事网络，并进一步发展为今天广泛使用的 Internet。20 世纪 90 年代，随着 Web 技术和相应的浏览器的出现，互联网的发展和应用出现了新的飞跃。

因特网使得信息采集、传播的速度和规模达到空前的水平，实现了整个地球的信息共享与交互，但随之而来的问题是：信息爆炸、信息泛滥。

在此阶段，网络操作系统应运而生，为了解决网络与存储等问题，虚拟化技术、网络化技术、分布式技术等应运而生。

第三阶段，就是现在所处的云计算快速发展时期。

随着网络技术的不断成熟、带宽的不断增大、网络服务的不断增加，互联网用户数量呈指数增长趋势。云计算技术可以整合网络资源和服务，为用户提供按需服务和廉价使用的新的技术平台。云操作系统便随着云计算的发展而逐步发展完善。

巩固与思考

①上网搜索云计算的特点及优势。
②上网搜索云计算操作系统的发展历程。

任务二　认识主流的云操作系统

学习目标

①认识国内外主流的云操作系统；
②能够比较各主流云操作系统的异同；
③通过学习，全面提升信息处理能力。

任务内容

本任务是认识当前国内外主流的云操作系统有哪些，分别了解各云操作系统的特点，为公司选择云操作系统提供参考依据。

任务实施

一、认识国外主流的云操作系统

1. Amazon Web Service（AWS）云操作系统

（1）Amazon Web Service 技术特点

Amazon Web Service 功能非常丰富。在计算和网络部分，包含了 Elastic Computer Cloud（EC2），也就是最常用的虚拟机，还有 Amazon Elastic MapReduce、Direct Connect、Router 53 以及 Amazon Virtual Private Cloud（VPC）。Amazon Elastic MapReduce 主要用于大数据的处理。Direct Connect 其实是一个虚拟专用网络 VPN，可以让局域网的机器和 Amazon 云里的机器直接连在一起。

AWS 提供一整套云计算服务，用户能够构建复杂、可扩展的应用程序，在最小成本情况下，为用户提供一套构建容错的软件系统平台。

（2）Amazon Web Service 云操作系统架构（见图 1-2-1）

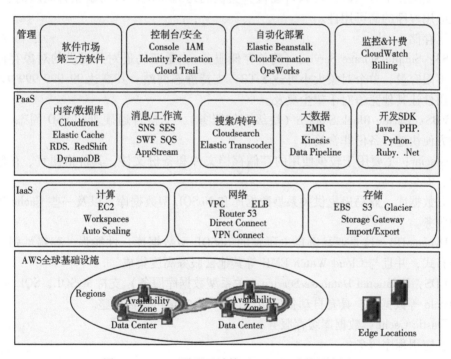

图 1-2-1　亚马逊云计算（AWS）功能示意图

从图 1-2-1 可以看出，亚马逊云计算平台由以下几个主要部分组成。

①AWS 全球基础设施。在 AWS 全球基础设施中有 3 个很重要的概念：

第一个是 Regions（区域），每个 Region 是相互独立的，自成一套云服务体系，分布在全球各地。

第二个是 Availability Zone（可用区），每个区域又由数个可用区组成，每个可用区可以看作一个数据中心，相互之间通过光纤连接。

第三个是 Edge Locations（边缘结点），是一个内容分发网络（Content Distribution

Network，CDN），可以降低内容分发的延迟，保证终端用户获取资源的速度。它是实现全局 DNS 基础设施（Router 53）和 Cloudfront CDN 的基石。

②网络。AWS 提供的网络服务主要有：

Direct Connect：支持企业自身的数据中心直接与 AWS 的数据中心直连，充分利用企业现有的资源。

VPN Connect：通过 VPN 连接 AWS，保证数据的安全性。

VPC：Virtual Private Cloud（私有云），从 AWS 云资源中分一块给用户使用，进一步提高安全性。

Router 53：亚马逊提供的高可用的、可伸缩的域名解析系统。

③计算。这是亚马逊的计算核心，包括了众多的服务。

EC2：Elastic Computer Service 是亚马逊的虚拟机，支持 Windows 和 Linux 的多个版本，支持 API 的创建和销毁，有多种型号可供选择，按需使用。并且有 Auto Scaling 功能，有效解决应用程序性能问题。

ELB：Elastic Load Balancing 是亚马逊提供的负载均衡器，可以和 EC2 无缝配合使用，横跨多个可用区，可以自动检查实例的运行状况，自动剔除有问题的实例，保证应用程序的高可用性。

④存储：

S3：Simple Storage Service（简单存储服务），是亚马逊对外提供的对象存储服务。不限容量，单个对象大小可达 5 TB，支持静态网站。其高达 99.999 999 999% 的可用性让其他竞争对手望尘莫及。

EBS：Elastic Block Storage（块级存储服务），支持普通硬盘和 SSD 固态硬盘，加载方便快速，备份非常简单。

Glacier：主要用于较少使用的存储存档文件和备份文件，其价格便宜、存储空间大、安全性高。

⑤数据库。亚马逊提供关系型数据库和 NoSQL 型数据库，以及一些 Cache 等数据库服务。

DynamoDB：这是亚马逊自主研发的 NoSQL 型数据库，性能强，容错性强，支持分布式，并且与 Cloud Watch EMR 等其他云服务高度集成。

RDS：Relational Database Service（关系型数据库服务）支持 MySQL，SQL Server 和 Oracle 等数据库，具有自动备份功能，I/O 吞吐量可按需调整。

Elastic Cache：数据库缓存服务。

⑥应用程序服务：

Cloudsearch：一个灵活性的搜索引擎，可用于企业级搜索。

SQS：Simple Queue Service（队列服务），存储和分发消息。

SWF：Simple Workflow（云工作流服务），一个工作流框架。

Cloudfront：世界范围的内容分发网络。

EMR：Elastic Map Reduce（大数据处理服务），一个 Hadoop 框架的实例，可用于大数据处理。

⑦自动化部署：

Elastic Beanstalk：一键式创建各种开发环境。

CloudFormation：采用 Jason 格式的模板文件来创建和管理一系列亚马逊云资源。

OpsWorks：允许用户将应用程序的部署模块化，可以实现对数据库、服务器软件等自动化设置和安装。

2. VMware vSphere 云计算操作系统

VMware vSphere 是业界首款云计算操作系统，它利用虚拟化的强大功能将数据中心转换为显著简化的云计算基础架构（见图 1-2-2），使 IT 组织能够利用内部和外部资源，安全和低风险地提供新一代灵活可靠的 IT 服务。

以 130 000 多家客户使用的、经过验证的 VMware Infrastructure 平台功能为基础，VMware vSphere 显著降低了资金成本和运营成本，在加强 IT 服务交付控制的同时，还保留了在任何类型的操作系统、应用程序和硬件、使用内部托管或外部资源之间选择的灵活性。

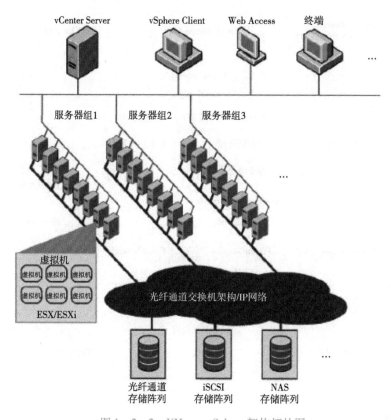

图 1-2-2 VMware vSphere 架构拓扑图

ESXi 是组成 vSphere 基础架构核心的虚拟化管理器，可直接安装在物理服务器之上，并允许多个虚拟机运行于虚拟化层之上。每个虚拟机与其他虚拟机共享相同的物理资源，并且它们可以同时运行。与其他虚拟化管理程序不同，ESXi 的所有管理功能都可以通过远程管理工具提供。由于没有底层操作系统，安装空间占用量可缩减至 150 MB 以下。

ESXi 体系结构独立于任何通用操作系统运行，可提高安全性、增强可靠性并简化管理。紧凑型体系结构设计旨在直接集成到针对虚拟化进行优化的服务器硬件中，从而实现快速安装、配置和部署。

二、认识国内主流的云操作系统

1. FusionSphere 云操作系统

FusionSphere 是华为自主知识产权的云操作系统，集虚拟化平台和云管理特性于一身，让云计算平台建设和使用更加简捷，专门满足企业和运营商客户云计算的需求。华为云操作系统专门为云设计和优化提供了强大的虚拟化功能和资源池管理、丰富的云基础服务组件和工具、开放的 API 接口等，全面支撑传统和新型的企业服务，极大地提升了 IT 资产价值，提高了 IT 运营维护效率，降低了运营维护成本。

如图 1-2-3 所示，FusionSphere 包括 FusionCompute 虚拟化引擎和 FusionManager 云管理等组件，能够为客户大大提高 IT 基础设施的利用效率。

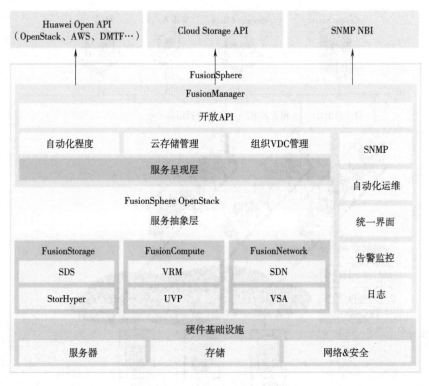

图 1-2-3　FusionSphere 架构图

（1）FusionCompute 虚拟化引擎

FusionCompute 是云操作系统的基础软件，主要由虚拟化基础平台和云基础服务平台组成，主要负责硬件资源的虚拟化，以及对虚拟资源、业务资源、用户资源的集中管理。它采用虚拟计算、虚拟存储、虚拟网络等技术，完成计算资源、存储资源、网络资源的虚拟化；同时，通过统一的接口，对这些虚拟资源进行集中调度和管理，从而降低业务的运行成本，保证系统的安全性和可靠性，协助运营商和企业客户构建安全、绿色、节能的云数据中心。

FusionCompute 采用虚拟化管理软件，将计算、存储和网络资源划分为多个虚拟机资源，为用户提供高性能、可运营、可管理的虚拟机：

①支持虚拟机资源按需分配。

②支持 QoS（服务质量）策略，保障虚拟机资源分配。

FusionCompute 具有三大特色：

①大容量大集群，支持多种硬件设备。FusionCompute 具有业界最大容量，单个逻辑计算集群可以支持 128 个物理主机，最大可支持 3 200 个物理主机。它支持基于 x86 硬件平台的服务器和兼容业界主流存储设备，可供运营商和企业灵活选择硬件平台；同时通过 IT 资源调度、热管理、能耗管理等一体化集中管理，大大降低了维护成本。

②跨域自动化调度，保障客户服务水平。FusionCompute 支持跨域资源管理，实现全网资源的集中化统一管理，同时支持自定义的资源管理 SLA（Service Level Agreement）策略、故障判断标准及恢复策略。

a. 分权分域。根据不同的地域、角色和权限等，系统提供完善的分权分域管理功能。不同地区分支机构的用户可以被授权只能管理本地资源。

b. 跨域调度。

c. 利用弹性 IP 功能，支持在三层网络下实现跨不同网络域的虚拟机资源调度。

自动检测服务器或业务的负载情况，对资源进行智能调度，均衡各服务器及业务系统负载，保证系统良好的用户体验和业务系统的最佳响应。

③丰富的运维管理，精细化计费。FusionCompute 提供多种运营工具，实现业务的可控、可管，提高整个系统运营的效率；并对不同的业务类型进行精确计费，帮助客户实现精细运营。

a. 支持"黑匣子"快速故障定位。系统通过获取异常日志和程序堆栈，缩短问题定位时间，快速解决异常问题。

b. 支持自动化健康检查。系统通过自动化的健康状态检查，及时发现故障并预警，确保虚拟机可运营管理。

c. 支持全 Web 化的界面。通过 Web 浏览器对所有硬件资源、虚拟资源、用户业务发放等进行监控管理。

d. 按 IT 资源（CPU、内存、存储）用量计费。

e. 按时间计费。

（2）FusionManager 云管理

华为 FusionManager 是云管理系统，通过统一的接口，对计算、网络和存储等虚拟资源进行集中调度和管理，提升运维效率，保证系统的安全性和可靠性，帮助运营商和企业构筑安全、绿色、节能的云数据中心。

FusionManager 的特色如下：

①统一的物理和虚拟资源管理。FusionManager 系统支持机框、服务器、存储设备和交换机等物理设备的管理，同时管理员可以统一管理不同系统提供的虚拟资源，包括虚拟机资源、虚拟网络资源和虚拟存储资源等。FusionManager 可以灵活部署在虚拟机上，或者在专门的物理服务器上。

②自动化运维管理。FusionManager 系统提供可视化的应用部署模板设计工具。管理员通过创建模板达到一键式快捷部署应用的目的。另外，管理员还可以针对不同应用设置不同的伸缩策略，系统自动根据应用的负载不同、应用的优先级不同以及不同的应用，分时段地使用系统资源等策略，进行资源弹性伸缩调度。

③服务目录，业务快速发放。FusionManager 为管理员提供服务目录管理功能，即提供各类模板管理和自动化模板设计工具，以便管理员快速便捷地创建应用。服务目录管理包含虚拟机模板管理、软件包管理以及服务模板管理。管理员可以根据服务模板快速发放业务。

④开放兼容。FusionManager 提供开放的北向 API 接口，上层网管通过开放 API 从 FusionManager 中获取资源信息，方便上层网管管理员对系统进行管理和维护。FusionManager 系统支持管理华为虚拟化系统 FusionCompute，统一管理不同地域的虚拟化系统；也可以对第三方的虚拟化系统进行集中管理。

2. 飞天新一代云操作系统

飞天（Apsara）诞生于 2009 年 2 月，是由阿里云自主研发、服务全球的超大规模通用计算操作系统，为全球 200 多个国家和地区的创新创业企业、政府、机构等提供服务。飞天希望解决人类计算的规模、效率和安全问题。它可以将遍布全球的百万级服务器连成一台超级计算机，以在线公共服务的方式为社会提供计算能力。飞天的革命性在于将云计算的三个方向整合起来：提供足够强大的计算能力，提供通用的计算能力，提供普惠的计算能力。

经过多年的实践，2018 年，飞天进入 2.0 时代，成为面向万物智能的云操作系统。全新一代的飞天 2.0 拥有更强健的技术设施，包括从秒级启动 ECI（阿里云弹性容器实例）到云上超算集群的全场景覆盖，云端一体的协同计算和 AI（人工智能）能力，全球可达的网络和对 IPv6 的全面支持，可让万物能随时随地被连接、计算、智能化。

"飞天 2.0 支撑了阿里云遍布全球的基础设施，针对亿万个客户端进行广泛适配，可覆盖最后一公里的计算"，阿里云产品总监表示："计算是心脏，AI 是大脑，IoT 是神经网络，这是我们对万物智能时代的构想，也是飞天 2.0 的设计理念。"

飞天核心服务分为：计算、存储、数据库、网络。其体系架构主要包含资源管理、安全管理、远程过程调用等构建分布式系统常用的底层服务、分布式文件系统、任务调度、集群部署和监控等，如图 1-2-4 所示。

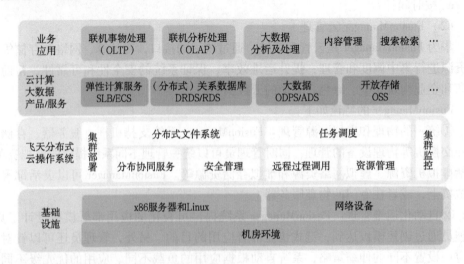

图 1-2-4　飞天云操作系统架构

为了帮助开发者便捷地构建云上应用，飞天提供了丰富的连接、编排服务，将这些核心服务方便地连接和组织起来，包括通知、队列、资源编排、分布式事务管理等。

飞天接入层包括数据传输服务、数据库同步服务、CDN 内容分发以及混合云高速通道等服务。

飞天最顶层是阿里云打造的软件交易与交付第一平台——云市场。它如同云计算的 App Store，用户可在阿里云官网一键开通"软件+云计算资源"。云市场上架在售商品包括支持镜像、容器、编排、API 接口、SaaS 服务、下载等类型的软件与服务接入。

飞天有一个全球统一的账号体系。灵活的认证授权机制让云上资源可以安全灵活地在租户内或租户间共享。

巩固与思考

上网搜索几种主流的云操作系统，认识其架构特点。

项目二

认识OpenStack云操作系统

项目情景

云涛公司已建设传统的网络。由于云计算的发展，为了节约能源、节省管理成本，通过董事会的决议，决定创建云计算平台。公司网络技术团队，在充分比较当前流行的各种云操作系统之后，决定采用 OpenStack 云操作系统。

你作为技术团队成员，有义务向公司领导和员工深入推介 OpenStack 云操作系统，使得公司人员能够快速了解 OpenStack 云操作系统，掌握 OpenStack 云操作系统架构。

项目目标

① 了解 OpenStack 云操作系统的发展历程；
② 了解 OpenStack 云操作系统的架构；
③ 了解 OpenStack 云操作系统的优势与问题；
④ 提高沟通、学习、表达能力，以及归纳、总结的综合能力。

任务一　认识 OpenStack 云操作系统的发展

学习目标

① 上网查找有关 OpenStack 资料，认识其发展历程；
② 搜索资料，理解 OpenStack 的功能与组成；
③ 认识 OpenStack 的优势和问题；
④ 通过学习，全面认识 OpenStack 云操作系统。

任务内容

本任务是充分认识 OpenStack 云操作系统，了解其发展特点及过程，掌握 OpenStack 系统的组成，认识 OpenStack 云操作系统的优势与弊端，为布署 OpenStack 云操作系统奠定基础。

任务实施

一、初识 OpenStack

OpenStack 是由全球三大数据中心之一的 Rackspace 公司和美国国家航空航天局（NASA）共同研发的云计算平台，是一个旨在为公共和私有云的建设与管理提供软件的开源项目。OpenStack 云平台通过一个仪表板，为管理员提供计算、存储和网络资源的管理控制，同时通过 Web 界面为用户提供资源。

OpenStack 最初是由 NASA 公司开发的计算服务模块 Nova 和 Rackspace 公司开发的存储服务模块 Swift 构成的。2010 年 10 月，用于镜像管理的部件 Glance 加入其中，形成了 OpenStack 的核心架构。

自 2010 年 7 月，Rackspace 和美国宇航局携手其他 25 家公司启动了 OpenStack 项目以来，在过去的几年中，已经产生了多个发行版本。OpenStack 的演变历史是以每个主版本系列以字母表顺序（A～Z）命名的，以年份及当年内的排序作为版本号，从第一版的 Austin（2010/10）到 2018 年，经历了 8 年时间，版本节奏为 OpenStack 开发和发布大约 6 个月的周期，初始版本发布之后，每个发行版本都会发布更多的稳定版本，截至 2018 年发布稳定版本为 rocky 版本，Stein 版本于 2019 年 4 月发布，具体如表 2-1-1 所示。

表 2-1-1　OpenStack 各版本发布时间表

系列版本	初始发布日期	结束日期
Stein	2019/4/10	…
rocky	2018/8/30	…
queens	2018/2/28	2019/8/25 扩展维护
Pike	2017/8/30	2019/3/3 扩展维护
Ocata	2017/2/22	2018/2/26
Newton	2016/10/6	2017/10/25
Mitaka	2016/4/7	2017/4/10
Liberty	2015/10/15	2016/11/17
Kilo	2015/4/30	2016/5/2
Juno	2014/10/16	2015/12/7
Icehouse	2014/4/17	2015/7/2
Havana	2013/10/17	2014/9/30
Grizzly	2013/4/4	2014/3/29
Folsom	2012/9/27	2013/11/19
Essex	2012/4/5	2013/5/6
Diablo	2011/9/22	2013/5/6
Cactus	2011/4/15	
Bexar	2011/2/3	
Austin	2010/10/21	

以上这些版本可以通过命令进行查看。

OpenStack 是一个旨在为公有云及私有云的建设和管理提供软件的开源项目。自推出以来，已经吸引了超过几百家公司和超过数万名开发者，使它在短时间内声名大噪的是其拥有着像 IBM、HP、AT&T、Red Hat、SUSE、VMware、戴尔、思科、华为、腾讯这样的强力支持者。

OpenStack 开源软件项目可以帮助企业摆脱对某些产品的依赖，无论从开放性、灵活性还是成本上来说，都是一个非常好的选择。它获得了用户和开发者的广泛认同，已成为业界最有影响力和发展前景的云计算开源项目。

二、OpenStack 的功能与组成

1. OpenStack 资源管理

OpenStack 作为一个操作系统，管理资源是它的首要任务。OpenStack 管理资源主要有三方面：计算、存储和网络。

OpenStack 对资源进行管理，并且以服务的形式提供给上层应用或者用户去使用。这些资源的管理是通过 OpenStack 中的各个项目来实现的。其中与计算资源管理相关的项目是 Nova（又称 OpenStack Compute）；与存储相关的主要有块存储服务 Cinder、对象存储服务 Swift、镜像存储服务 Glance；与网络相关的主要是一个和软件定义网络相关的项目 Neutron。

2. OpenStack 基本组件

OpenStack 基本组件：Nova、Cinder、Neutron、Swift、Keystone、Glance、Horizon 等，如图 2-1-1 所示。

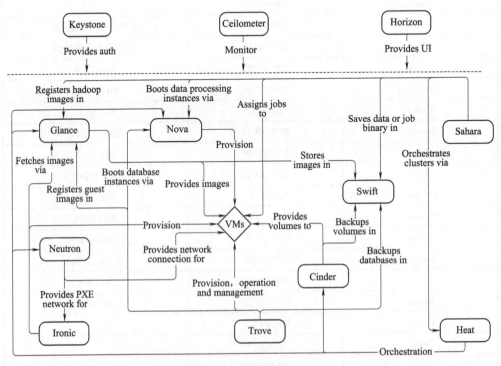

图 2-1-1　OpenStack 基本组件

（1）Nova

Nova 又称 OpenStack Compute，主要作用是控制虚拟机的创建，以及改变它的容量和配置，还可以做虚拟机的销毁。虚拟机的整个生命周期都是由 Nova 来控制的；Nova 的部署运行一般部署到计算结点上，在实验环境中，也可部署在 Controller 结点去运行。

（2）Cinder

Cinder 组件主要的用途是提供块存储服务。最核心的两个部分是 Scheduler 和 Cinder Volume。有读写存储服务请求的时候，Scheduler 决定通过哪个 Cinder Volume 进行读取操作，Cinder Volume 是实际控制存储的设备。

（3）Neutron

Neutron 是 OpenStack 的核心服务，提供网络二层和三层服务，用户可以自己编写不同的 plugin 提供不同的驱动支持。

（4）Swift

从 OpenStack 的诞生之初就已经有 Swift 这个项目了。它是比较独立的，和其他组件的交互关系比较少。Swift 是提供对象存储服务的，其他的组件如果要用到对象存储的时候，就去 Swift 里边去写数据/读数据；Swift 可以利用 Keystone 来进行认证。

（5）Glance

Glance 是用 Swift 最多的一个组件。主要是用 Swift 来存储虚拟机的镜像、快照等一些内容。

其他组件在这里不一一详述，在以后的学习中可不断体会其使用。

三、OpenStack 的优势

（1）模块松耦合

与其他开源软件相比，OpenStack 模块分明。添加独立功能的组件非常简单。有时候，不需要通读整个 OpenStack 的代码，只需要了解其接口规范及 API 使用，就可以轻松地添加一个新的模块。

（2）组件配置较为灵活

OpenStack 也需要不同的组件，但是 OpenStack 的组件安装异常灵活。可以全部都装在一台物理机上，也可以分散至多台物理机中，甚至可以把所有的结点都装在虚拟机中。

（3）二次开发容易

OpenStack 发布的 OpenStack API 是 Restfull API。其他所有组件也是采用这种统一的规范。因此，基于 OpenStack 做二次开发，较为简单。

四、OpenStack 目前的问题

OpenStack 是开源的云计算平台，按理说应当能够得到大规模的推广，但现实是并没有预料的发展速度。究其原因，无非是以下几方面：

①相对于 VMware 而言，OpenStack 在操作界面上有一定的难度，运行界面友好性上不如 VMware 好，没有专业技术知识，很难完成其配置过程。

②OpenStack 在实现分布式存储时，能够实现热迁移，但需要手工进行操作，不容易实现。

③故障维护困难。对于意外的物理机故障停机，也需要事后的手工干预才能恢复，虽然操作也非常简单，但是还是做不到全自动故障恢复。

巩固与思考

①描述 OpenStack 的功能组成。
②分析 OpenStack 的优缺点。

任务二　认识 OpenStack 云操作系统的架构

学习目标

①掌握 OpenStack 云操作系统的组成；
②掌握 OpenStack 云操作系统的架构；
③掌握 OpenStack 各部分的功能。

任务内容

本任务是充分认识 OpenStack 云操作系统，了解其发展特点及过程；掌握 OpenStack 系统的架构；认识 OpenStack 云操作系统的各组成部分之间的关系；了解其优势与弊端，为布署 OpenStack 云操作系统奠定基础。

任务实施

一、认识 OpenStack 云操作系统的部署架构

OpenStack 的部署构架如图 2-2-1 所示。

整个 OpenStack 可以部署在控制结点、计算结点、网络结点、存储结点上。OpenStack 非常灵活，一个组件可以部署到一个或者多个结点上，一个结点可以部署多个 OpenStack 组件。

通常情况下，控制结点负责对其余结点的控制，包含虚拟机建立、迁移、网络分配，存储分配等。计算结点负责虚拟机运行。网络结点负责外网络与内网络之间的通信。存储结点负责对虚拟机的额外存储管理等。

1. 控制结点架构

控制结点包括以下服务：管理支持服务；基础管理服务；扩展管理服务。
（1）管理支持服务
包含 MySQL 与 Rabbit MQ 共 2 个服务。
MySQL：数据库作为基础/扩展服务产生的数据存放的地方。
Rabbit MQ：消息代理（又称消息中间件）。为其他各种服务之间提供了统一的消息通信服务。

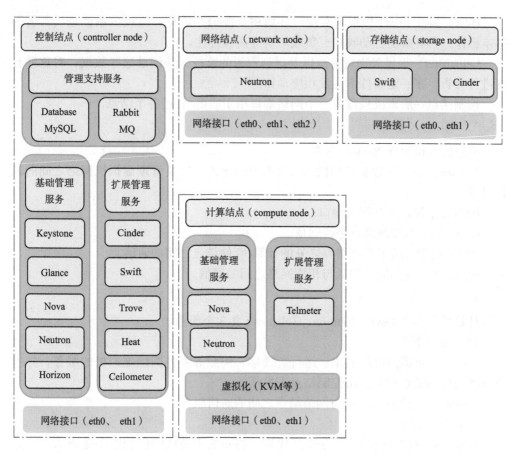

图 2-2-1 OpenStack 的部署架构

（2）基础管理服务

包含 Keystone、Glance、Nova、Neutron、Horizon 共 5 个服务。

Keystone：认证管理服务，提供了其余所有组件的认证信息/令牌的管理、创建、修改等等，使用 MySQL 作为统一的数据库。

Glance：镜像管理服务，提供了对虚拟机部署的时候所能提供的镜像管理，包含镜像的导入、格式，以及制作相应的模板。

Nova：计算管理服务，提供了对计算结点的 Nova 管理，使用 Nova API 进行通信。

Neutron：网络管理服务，提供了对网络结点的网络拓扑管理，同时提供了 Neutron 在 Horizon 的管理面板。

Horizon：控制台服务，提供了以 Web 的形式对所有结点的所有服务的管理，通常把该服务称为 DashBoard。

（3）扩展管理服务

包含 Cinder、Swift、Trove、Heat、Ceilometer 等服务。

Cinder：提供镜像存储服务，同时提供 Cinder 在 Horizon 中的管理面板。

Swift：提供块存储服务，同时提供 Swift 在 Horizon 中的管理面板。

Trove：提供数据服务，允许用户对关系型数据库进行管理，同时提供 Trove 在 Horizon 中的管理面板。

Heat：提供了基于模板来实现云环境中资源的初始化、依赖关系处理、部署等基本操作。具有解决自动收缩、负载均衡等高级特性。

Ceilometer：提供对物理资源以及虚拟资源的监控，并记录这些数据；对这些数据进行分析，在一定条件下触发相应动作。

控制结点一般来说只需要一个网络端口用于通信/管理各个结点。

2. 网络结点架构

网络结点仅包含 Neutron 服务。

Neutron：负责管理私有网段与公有网段的通信，以及管理虚拟机网络之间的通信/拓扑。

网络结点包含 3 个网络端口：

eth0：用于与控制结点进行通信。

eth1：用于与除了控制结点之外的计算/存储结点之间的通信。

eth2：用于外部的虚拟机与相应网络之间的通信。

3. 计算结点架构

计算结点包含 Nova、Neutron、Telemeter 共 3 个服务。

（1）基础服务

Nova：提供虚拟机的创建、运行、迁移、快照等各种围绕虚拟机的服务，并提供 API 与控制结点对接，由控制结点下发任务。

Neutron：提供计算结点与网络结点之间的通信服务。

（2）扩展服务

Telmeter：提供计算结点的监控代理，将虚拟机的情况反馈给控制结点，是 Ceilometer 的代理服务。

计算结点包含最少 2 个网络端口：

eth0：与控制结点进行通信，受控制结点统一调配。

eth1：与网络结点、存储结点进行通信。

4. 存储结点架构

存储结点包含 Cinder、Swift 等服务。

Cinder：块存储服务，提供相应的块存储，简单来说，就是虚拟出一块磁盘，可以挂载到相应的虚拟机之上，不受文件系统等因素影响，对虚拟机来说，这个操作就像是新加了一块硬盘，可以完成对磁盘的任何操作，包括挂载、卸载、格式化、转换文件系统等操作，大多应用于虚拟机空间不足的情况下的空间扩容等。

Swift：对象存储服务，提供相应的对象存储，简单来说，就是虚拟出一块磁盘空间，可以在这个空间当中存放文件，也仅仅只能存放文件，不能进行格式化，转换文件系统，大多应用于云磁盘/文件中。

存储结点包含最少 2 个网络端口：

eth0：与控制结点进行通信，接收控制结点任务，受控制结点统一调配。

eth1：与计算/网络结点进行通信，完成控制结点下发的各类任务。

二、OpenStack 的各个组件作用及关系

OpenStack 发展至今，开发商开发了多个组件，主要有下面的组件（见图 2-2-2）：

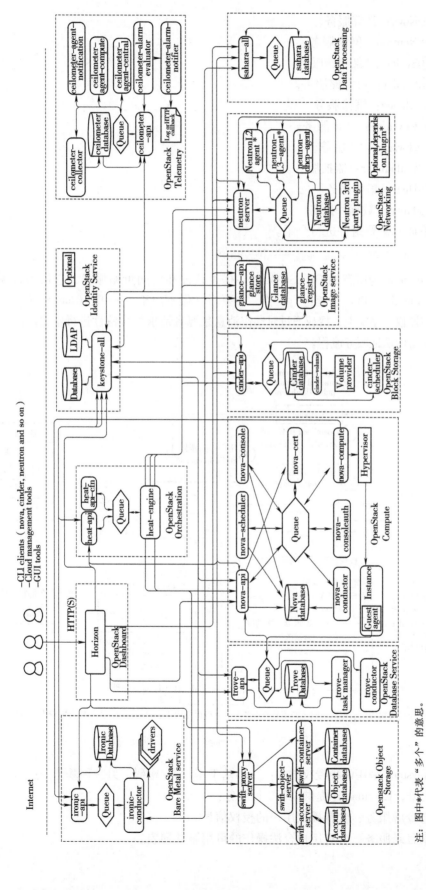

图 2-2-2　OpenStack 组件关系图

项目二　认识 OpenStack 云操作系统

注：图中*代表"多个"的意思。

19

①Nova：计算服务。
②Neutron：网络服务。
③Swift：对象存储服务。
④Cinder：块存储服务。
⑤Glance：镜像服务。
⑥Keystone：认证服务。
⑦Horizon：UI 服务。
⑧Ceilometer：监控服务。
⑨Heat：集群服务。
⑩Trove：数据库服务。
下面对重要组件进行介绍。

1. OpenStack 认证服务——Keystone

Keystone 为所有的 OpenStack 组件提供认证和访问策略服务，它依赖自身 REST（基于 Identity API）系统进行工作，主要对（但不限于）Swift、Glance、Nova 等进行认证与授权。事实上，授权通过对动作消息来源者请求的合法性进行鉴定。图 2-2-3 显示了身份认证服务流程。

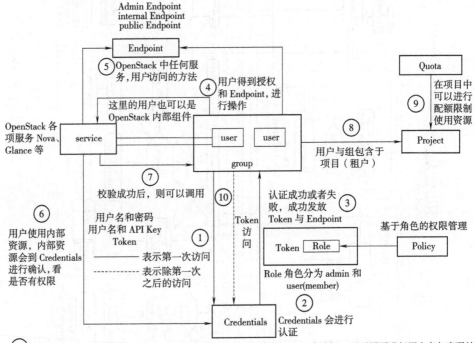

图 2-2-3　OpenStack 身份认证服务流程

Keystone 采用两种授权方式：一种基于用户名/密码，另一种基于令牌（Token）。除此之外，Keystone 还提供以下 3 种服务：
①令牌服务：含有授权用户的授权信息。
②目录服务：含有用户合法操作的可用服务列表。

③策略服务：利用 Keystone 具体指定用户或群组某些访问权限。

Keystone 认证服务注意点：

①服务入口：如 Nova、Swift 和 Glance 一样，每个 OpenStack 服务都拥有一个指定的端口和专属的 URL，称为入口（OpenStack 中称为 Endpoints）。

②区位：在某个数据中心，一个区位具体指定了一处物理位置。在典型的云架构中，如果不是所有的服务都访问分布式数据中心或服务器的话，则也称其为区位。

③用户：Keystone 授权的使用者。代表一个个体，OpenStack 以用户的形式来授权服务给他们。用户拥有证书（Credentials），且可能分配给一个或多个租户。经过验证后，会为每个单独的租户提供一个特定的令牌。

④服务：总体而言，任何通过 Keystone 进行连接或管理的组件都被称为服务。举个例子，可以称 Glance 为 Keystone 的服务。

⑤角色：为了界定安全权限，就云内特定用户可执行的操作而言，该用户关联的角色是非常重要的。

一个角色是应用于某个租户的使用权限的集合，以允许某个指定用户访问或使用特定操作。角色是使用权限的逻辑分组，它使得通用的权限可以简单地分组并绑定到与某个指定租户相关的用户。

⑥租户：指的是具有全部服务入口并配有特定成员角色的一个项目。一个租户映射到一个 Nova 的 "project-id"。在对象存储中，一个租户可以有多个容器。根据不同的安装方式，一个租户可以代表一个客户、账号、组织或项目。

2. OpenStack 计算设施——Nova

Nova 是 OpenStack 计算的弹性控制器。OpenStack 云实例生命期所需的各种动作都将由 Nova 进行处理和支撑，这就意味着 Nova 以管理平台的身份登场，负责管理整个云的计算资源。虽然 Nova 本身并不提供任何虚拟能力，但是它将使用 libvirt API 与虚拟机的宿主机进行交互。Nova 通过 Web 服务 API 来对外提供处理接口，而且这些接口与 Amazon 的 Web 服务接口是兼容的。

（1）Nova 的功能及特点

Nova 为实例生命周期管理，计算资源管理，网络与授权管理，基于 REST 的 API，异步连续通信，支持各种宿主：Xen、XenServer/XCP、KVM、UML、VMware vSphere 及 Hyper-V。

（2）Nova 构件

Nova 弹性云（OpenStack 计算部件）包含以下主要部分：

①API Server（nova-api）。

②消息队列（rabbit-mq server）。

③运算工作站（nova-compute）。

④网络控制器（nova-network）。

⑤卷管理（nova-volume）。

⑥调度器（nova-scheduler）。

3. OpenStack 镜像服务器——Glance

OpenStack 镜像服务器是一套虚拟机镜像发现、注册、检索系统，可以将镜像存储到以下任意一种存储中：

①本地文件系统（默认）。

②S3（即 Amazon's Simple Storage Solution）直接存储。

③S3 对象存储（作为 S3 访问的中间渠道）。

④OpenStack 对象存储。

(1) Glance 的功能及特点

提供镜像相关服务。

(2) Glance 构件

①Glance-API：主要负责接受响应镜像管理命令的 RESTful 请求，分析消息请求信息并分发其所带的命令（如新增、删除、更新等）。默认绑定的端口是 9292。

②Glance-Registry：主要负责接受响应镜像元数据命令的 RESTful 请求。分析消息请求信息并分发其所带的命令（如获取元数据、更新元数据等）。默认绑定的端口是 9191。

4. OpenStack 存储设施——Swift

Swift 为 OpenStack 提供一种分布式、持续虚拟对象存储，它类似于 Amazon Web Service 的 S3 简单存储服务。Swift 具有跨结点百级对象的存储能力。Swift 内建冗余和失效备援管理，也能够处理归档和媒体流，特别是对大数据（千兆字节）和大容量（多对象数量）的测度非常高效。

(1) Swift 的功能及特点

①海量对象存储。

②大文件（对象）存储。

③数据冗余管理。

④归档能力——处理大数据集。

⑤为虚拟机和云应用提供数据容器。

⑥处理流媒体。

⑦对象安全存储。

⑧备份与归档。

⑨良好的可伸缩性。

(2) Swift 构件

①Swift 代理服务器。用户都是通过 Swift API 与代理服务器进行交互的。代理服务器正是接收外界请求的门卫，它检测合法的实体位置并路由它们的请求。

此外，代理服务器也同时处理实体失效而转移时，故障切换的实体重复路由请求。

②Swift 对象服务器。对象服务器是一种二进制存储，它负责处理本地存储中的对象数据的存储、检索和删除。对象都是文件系统中存放的典型的二进制文件，具有扩展文件属性的元数据（xattr）。

注意：xattr 格式被 Linux 中的 ext3/4、XFS、Btrfs、JFS 和 ReiserFS 所支持，但是并没有有效的测试证明，在 XFS、JFS、ReiserFS、Reiser4 和 ZFS 下也同样能运行良好。不过，XFS 被认为是当前最好的选择。

③Swift 容器服务器。容器服务器将列出一个容器中的所有对象，默认对象列表

将存储为 SQLite 文件。容器服务器也会统计容器中包含的对象数量及容器的存储空间耗费。

④Swift 账户服务器。账户服务器与容器服务器类似，将列出容器中的对象。

⑤Ring（索引环）。Ring 容器记录着 Swift 中物理存储对象的位置信息，它是真实物理存储位置的实体名的虚拟映射，类似于查找及定位不同集群的实体真实物理位置的索引服务。这里所谓的实体，指账户、容器、对象，它们都拥有属于自己的不同的 Ring。

5. OpenStack 管理的 Web 接口——Horizon

Horizon 是一个用以管理、控制 OpenStack 服务的 Web 控制面板，它可以管理实例、镜像，创建密匙对，对实例添加卷，操作 Swift 容器等。除此之外，用户还可以在控制面板中使用终端（Console）或 VNC 直接访问实例。

Horizon 具有如下特点：

①实例管理：创建、终止实例，查看终端日志，VNC 连接，添加卷等。
②访问与安全管理：创建安全群组、管理密匙对、设置浮动 IP 等。
③偏好设定：对虚拟硬件模板可以进行不同偏好设定。
④镜像管理：编辑或删除镜像。
⑤查看服务目录。
⑥管理用户、配额及项目用途。
⑦用户管理：创建用户等。
⑧卷管理：创建卷和快照。
⑨对象存储处理：创建、删除容器和对象。
⑩为项目下载环境变量。

巩固与思考

①描述 OpenStack 云操作系统的网络架构。
②描述并分析 OpenStack 云操作系统的网络组件之间的关系。

项目二 部署OpenStack云操作系统

项目情景

云涛公司网络规模较大,目前网络在运行过程中出现了如管理成本过高、部分设备折旧严重等问题。公司计划结合当前云计算技术,对现有网络进行改造。经过决策层的商议,决定拿出 150 万元专项资金,计划用 12 个月时间完成该项目建设与测试工作。经过招、投标,云程公司依靠雄厚的经济实力、精湛的技术与项目管理实力,一举拿下了该项目,并迅速启动了该项目的建设工作,计划在云涛公司工程部部署 OpenStack 云操作系统,并在内网进行测试和试用,实现工程部云操作系统间的授权访问,为未来公司网络全部采用云操作系统模式做好基础工作。

要求云计算工程师从项目经理处获取任务单,与客户沟通,完成云操作系统的构建和测试,并交付客户验收确认。

项目目标

①了解构建公司云操作系统的工作任务;
②能在 OpenStack 云环境中部署硬件、软件基础工作;
③了解计算服务在 OpenStack 云环境中的作用;
④了解网络服务在 OpenStack 云环境中的用途;
⑤了解块存储(Cinder)服务的概念;
⑥会安装和配置 OpenStack 认证服务;
⑦会安装镜像服务;
⑧会安装计算服务;
⑨会安装和配置网络服务;
⑩会安装和配置块存储(Cinder)服务;
⑪会安装和配置 Horizon 服务;
⑫能根据云涛公司的需求部署 OpenStack 云操作系统,并书写验收报告;
⑬锻炼沟通、表达、合作能力,提升职业素养,养成乐观、积极向上的生活态度。

任务一 环境准备工作

学习目标

①通过运用媒介,收集信息,写出云计算环境下部署云操作系统的要素;
②制订部署云操作系统环境的方案,能完成方案编写;
③制订云计算环境下创建云操作系统的步骤;
④通过规划设计,体验工作流程,提升学习能力。

任务内容

本任务是进行 OpenStack 部署的基础工作,实现基本的软硬件环境建设,包括规划硬件环境、安装时间同步服务、安装 OpenStack 数据库软件包、安装消息队列和配置 Memcached 服务。

任务实施

一、云操作系统部署分析应用需求

根据云涛公司项目情景描述,满足用户需求主要完成的任务是:
①规划硬件环境。
②安装时间同步服务和 OpenStack 数据库软件包。
③安装消息队列和配置 Memcached 服务。

二、环境准备工作的分析及实现方法

根据部署 OpenStack 云操作系统的技术实现方法,需要规划硬件环境、主机网络规划、安装时间同步服务、安装 OpenStack 数据库软件包、安装消息队列和配置 Memcached 服务。这些环境都要提前设计好,部署云操作系统时可直接使用。

1. 环境规划设置

(1)硬件环境(见图 3-1-1)

采用一台物理主机,在 VMware Workstation 12 或以上版本基础上安装 Ubuntu 16.04 操作系统。

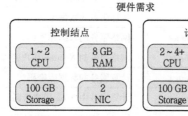

图 3-1-1 硬件资源规划图

注:图中"+"表示"更多"的含义。

(2) 服务结点规划（见图 3-1-2）

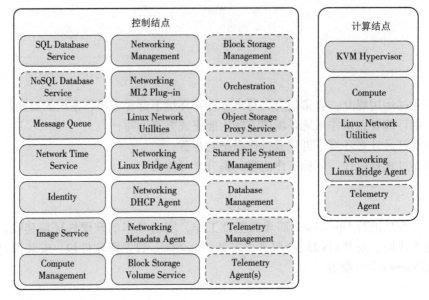

图 3-1-2 服务结点结构图

(3) 口令设置（见表 3-1-1）

表 3-1-1 OpenStack 各模块口令设置表

密码名字	自定义密码	描 述
数据库密码（不能使用变量）	本案例定义	数据库的 root 密码
ADMIN_PASS	adminroot	admin 用户密码
CEILOMETER_DBPASS	adminroot	Telemetry 服务的数据库密码
CEILOMETER_PASS	adminroot	Telemetry 服务的 Ceilometer 用户密码
CINDER_DBPASS	adminroot	块设备存储服务的数据库密码
CINDER_PASS	adminroot	块设备存储服务的 Cinder 密码
DASH_DBPASS	adminroot	仪表板的数据库密码
DEMO_PASS	adminroot	Demo 用户的密码
GLANCE_DBPASS	adminroot	镜像服务的数据库密码
GLANCE_PASS	adminroot	镜像服务的 Glance 用户密码
HEAT_DBPASS	adminroot	Orchestration 服务的数据库密码
HEAT_DOMAIN_PASS	adminroot	Orchestration 域的密码
HEAT_PASS	adminroot	Orchestration 服务中 heat 用户的密码
KEYSTONE_DBPASS	adminroot	认证服务的数据库密码
NEUTRON_DBPASS	adminroot	网络服务的数据库密码
NEUTRON_PASS	adminroot	网络服务的 Neutron 用户密码
NOVA_DBPASS	adminroot	计算服务的数据库密码
NOVA_PASS	adminroot	计算服务中 Nova 用户密码
RABBIT_PASS	adminroot	Rabbit MQ 的 Guest 用户密码
SWIFT_PASS	adminroot	对象存储服务用户 Swift 密码

2. 主机网络规划

（1）主机网络规划（见图 3–1–3）

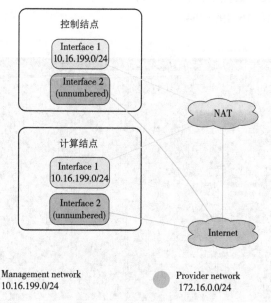

图 3–1–3　主机网络规划

主机名称与 IP 地址见表 3–1–2。

表 3–1–2　主机名称与 IP 地址

序号	主机名称	IP 地址
1	controller	10.16.199.211
2	computer	10.16.199.212

（2）配置网络接口

①配置控制主机的网络接口：

配置第一块网卡接口作为管理接口。

IP 地址：10.16.199.211

子网掩码：255.255.255.0（or/24）

默认网关：10.16.199.254

配置第二块网卡作为私有网络支持网络。

编辑/etc/network/interfaces 文件包含如下内容：

```
# The provider network interface
auto INTERFACE_NAME
iface INTERFACE_NAME inet manual
        up ip link set dev $IFACE up
        down ip link set dev $IFACE down
```

②配置计算主机的网络接口。配置计算主机网络接口和配置控制主机的网络接口的方法一样。

配置第一块网卡接口作为管理接口（见图3-1-4）。
IP 地址：10.16.199.211
子网掩码：255.255.255.0（or/24）
默认网关：10.16.199.254

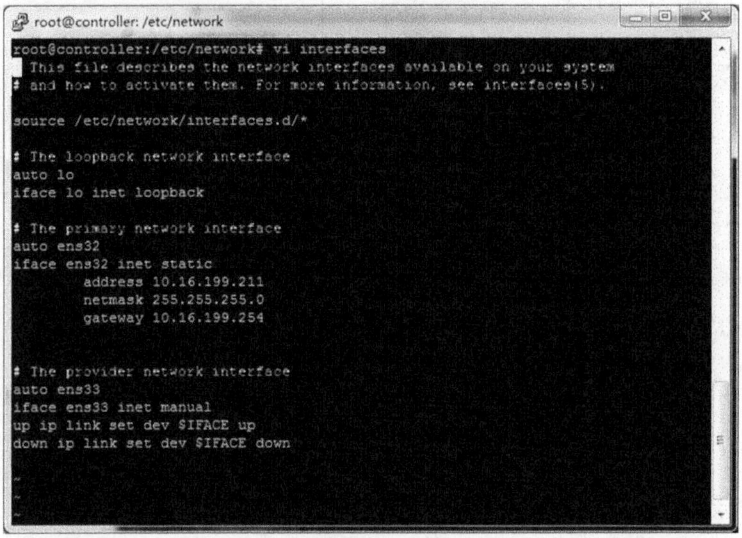

图3-1-4 配置第一块网卡接口

配置第二块网卡接口作为私有网络支持网络。

第二个网卡接口使用一个特殊的配置，不分配给它 IP 地址，提供环境中内部实例的访问。

编辑/etc/network/interfaces 文件包含如下内容：
The provider network interface
auto INTERFACE_NAME
iface INTERFACE_NAME inet manual
　　　up ip link set dev $IFACE up
　　　down ip link set dev $IFACE down

图3-1-5所示是配置文件。

(3) 配置 host 文档

编辑 host 文档实现主机名称的解析。

①编辑控制主机 host 文档。编辑/etc/hosts 包含信息如图3-1-6所示。

②编辑计算主机 host 文档。编辑/etc/hosts 包含信息如图3-1-7所示。

(4) 查看和测试网络连通性

①查看控制结点网络接口配置信息（见图3-1-8）。

②查看计算结点网络接口配置信息（见图3-1-9）。

③控制结点 ping 计算结点连通性测试（见图3-1-10）。

④计算结点 ping 控制结点连通性测试（见图3-1-11）。

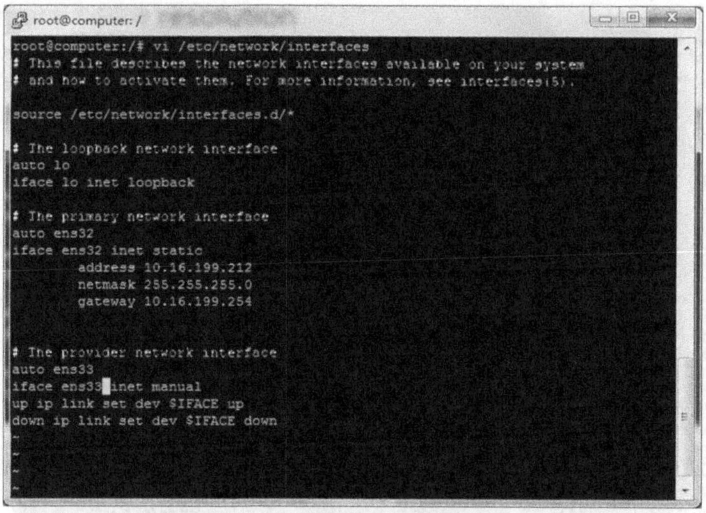

```
root@computer:/# vi /etc/network/interfaces
# This file describes the network interfaces available on your system
# and how to activate them. For more information, see interfaces(5).

source /etc/network/interfaces.d/*

# The loopback network interface
auto lo
iface lo inet loopback

# The primary network interface
auto ens32
iface ens32 inet static
        address 10.16.199.212
        netmask 255.255.255.0
        gateway 10.16.199.254


# The provider network interface
auto ens33
iface ens33 inet manual
up ip link set dev $IFACE up
down ip link set dev $IFACE down
~
~
~
~
```

图 3-1-5　配置第二块网卡接口

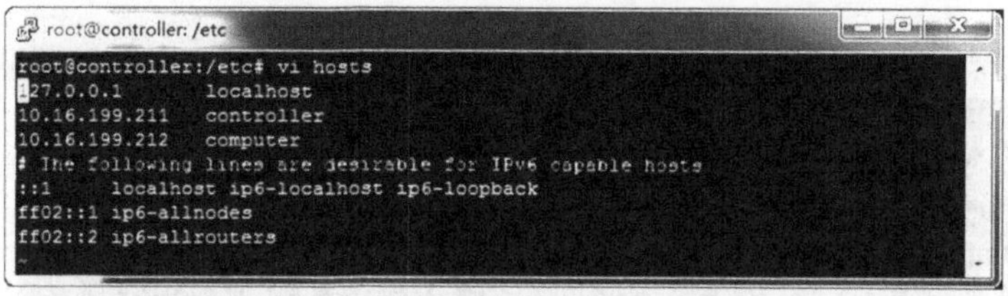

```
root@controller:/etc# vi hosts
127.0.0.1       localhost
10.16.199.211   controller
10.16.199.212   computer
# The following lines are desirable for IPv6 capable hosts
::1     localhost ip6-localhost ip6-loopback
ff02::1 ip6-allnodes
ff02::2 ip6-allrouters
~
```

图 3-1-6　编辑控制主机 host 文件

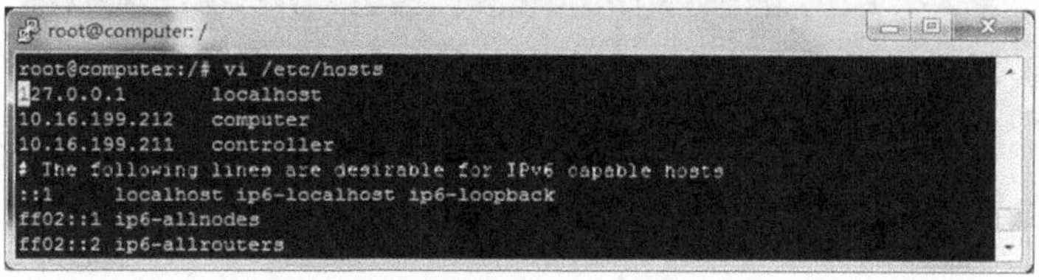

```
root@computer:/# vi /etc/hosts
127.0.0.1       localhost
10.16.199.212   computer
10.16.199.211   controller
# The following lines are desirable for IPv6 capable hosts
::1     localhost ip6-localhost ip6-loopback
ff02::1 ip6-allnodes
ff02::2 ip6-allrouters
```

图 3-1-7　编辑计算主机 host 文件

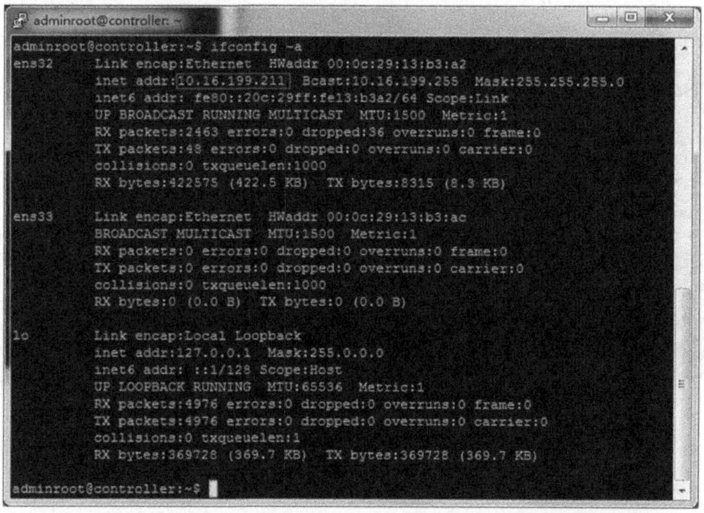

```
adminroot@controller:~$ ifconfig -a
ens32     Link encap:Ethernet  HWaddr 00:0c:29:13:b3:a2
          inet addr:10.16.199.211  Bcast:10.16.199.255  Mask:255.255.255.0
          inet6 addr: fe80::20c:29ff:fe13:b3a2/64 Scope:Link
          UP BROADCAST RUNNING MULTICAST  MTU:1500  Metric:1
          RX packets:2463 errors:0 dropped:36 overruns:0 frame:0
          TX packets:48 errors:0 dropped:0 overruns:0 carrier:0
          collisions:0 txqueuelen:1000
          RX bytes:422575 (422.5 KB)  TX bytes:8315 (8.3 KB)

ens33     Link encap:Ethernet  HWaddr 00:0c:29:13:b3:ac
          BROADCAST MULTICAST  MTU:1500  Metric:1
          RX packets:0 errors:0 dropped:0 overruns:0 frame:0
          TX packets:0 errors:0 dropped:0 overruns:0 carrier:0
          collisions:0 txqueuelen:1000
          RX bytes:0 (0.0 B)  TX bytes:0 (0.0 B)

lo        Link encap:Local Loopback
          inet addr:127.0.0.1  Mask:255.0.0.0
          inet6 addr: ::1/128 Scope:Host
          UP LOOPBACK RUNNING  MTU:65536  Metric:1
          RX packets:4976 errors:0 dropped:0 overruns:0 frame:0
          TX packets:4976 errors:0 dropped:0 overruns:0 carrier:0
          collisions:0 txqueuelen:1
          RX bytes:369728 (369.7 KB)  TX bytes:369728 (369.7 KB)

adminroot@controller:~$
```

图 3-1-8　查看控制结点网络接口配置信息

图3-1-9 查看计算结点网络接口配置信息

图3-1-10 控制结点ping计算结点连通性测试

图3-1-11 计算结点ping控制结点连通性测试

3. 安装时间同步服务

这里需要安装Chrony，在不同结点上实现时间同步服务。配置控制结点引用更准确的（Lower Stratum）NTP 服务器，然后其他结点引用该控制结点。该配置包含以下步骤：控制结点服务器；其他结点服务器；验证操作。

（1）安装并配置组件

①更新：

apt-get update

②安装软件包：

apt-get install chrony

③编辑/etc/chrony/chrony.conf 文件，按照环境的要求，对下面的键进行修改：

注释掉：# pool 2.debian.pool.ntp.org offline iburst

增加国家授时中心和自己控制主机 IP 地址：

server cn.pool.ntp.org iburst

server controller iburst

注意：控制结点默认跟公共服务器池同步时间。但是也可以选择性配置其他服务器，比如组织中提供的服务器。

④重启 NTP 服务：

service chrony restart

同样的方法在计算结点上安装时间同步服务。

（2）验证操作

在继续进一步的操作之前验证 NTP 的同步，特别是引用了控制结点的，需要花费一些时间去同步。

①在控制结点上执行 chronyc sources 这个命令（见图 3-1-12）。

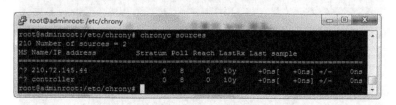

图 3-1-12　配置 NTP 同步（控制结点）

在 Name/IP address 列的内容应显示 NTP 服务器的主机名或者 IP 地址。在 S 列的内容应该在 NTP 服务目前同步的上游服务器前显示 *。

②在计算结点执行相同命令（见图 3-1-13）。

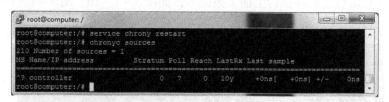

图 3-1-13　配置 NTP 同步（计算结点）

4. 安装 OpenStack 包

在进行安装前，主机必须包含最新版本的基础安装软件包。禁用或移除所有自动更新的服务，因为它们会影响到 OpenStack 环境。

(1) 安装 OpenStack 基础包

①在控制结点上执行 apt install software – properties – common 命令（见图 3 – 1 – 14）。

apt install software – properties – common

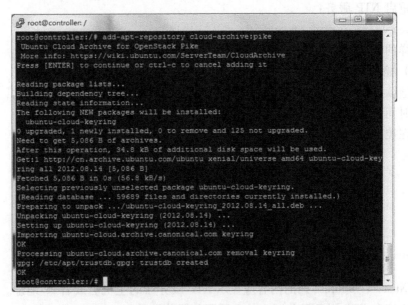

图 3 – 1 – 14　在控制结点上安装 OpenStack 软件包 1

②在控制结点上执行 add – apt – repository cloud – archive：pike 命令（见图 3 – 1 – 15）。

add – apt – repository cloud – archive：pike

图 3 – 1 – 15　在控制结点上安装 OpenStack 软件包 2

③在计算结点上同样执行上面 2 条命令，如图 3 – 1 – 16、图 3 – 1 – 17 所示。

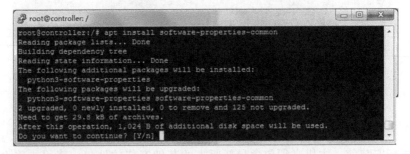

图 3 – 1 – 16　在计算结点上安装 OpenStack 软件包 1

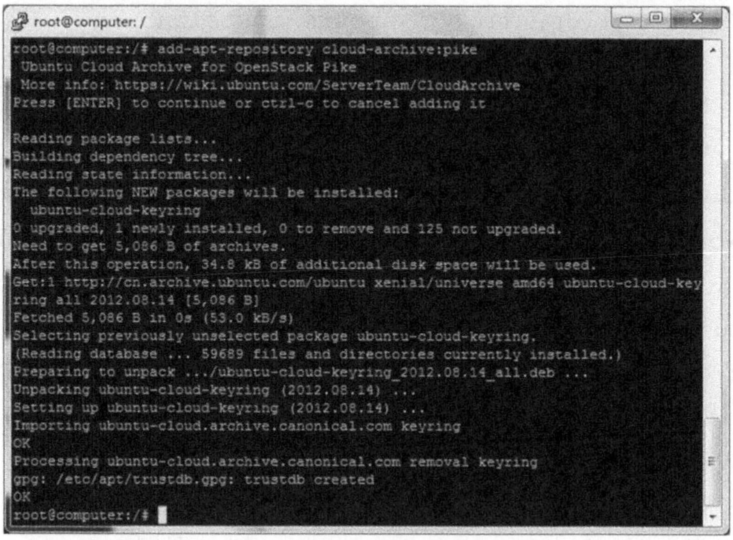

图3-1-17　在计算结点上安装 OpenStack 软件包 2

（2）更新软件包

apt - get update && apt - get dist - upgrade

注意：如果更新了一个新内核，重启主机来使用新内核。

（3）安装 OpenStack 客户端

apt - get install python - openstackclient

5. 安装 OpenStack 数据库软件包

大多数 OpenStack 服务使用 SQL 数据库来存储信息。典型的是，数据库运行在控制结点上，这里安装在控制结点上。

（1）安装软件包

apt - get install mariadb - server python - pymysql

（2）编辑/etc/mysql/mariadb. conf. d/50 - server. cnf

完成如下动作：

在 [mysqld] 部分，设置"bind - address"值为控制结点的管理网络 IP 地址，以使得其他结点可以通过管理网络访问数据库，设置如下键值来启用一起有用的选项和 UTF - 8 字符集。

[mysqld]

bind - address =10.16.199.211（该 IP 地址改成自己控制结点的 IP 地址）

default - storage - engine = innodb

innodb_file_per_table = on

max_connections =4096

collation - server = utf8_general_ci

character - set - server = utf8

重启数据库服务：

service mysql restart

执行 mysql_secure_installation 脚本来对数据库进行安全加固：

root@ controller:/# mysql_secure_installation

NOTE: RUNNING ALL PARTS OF THIS SCRIPT IS RECOMMENDED FOR ALL MariaDB SERVERS IN PRODUCTION USE! PLEASE READ EACH STEP CAREFULLY!

In order to log into MariaDB to secure it, we'll need the current password for the root user. If you've just installed MariaDB, and you haven't set the root password yet, the password will be blank, so you should just press enter here.

Enter current password for root (enter for none): （此处输入密码，屏幕不显示）

OK, successfully used password, moving on...

Setting the root password ensures that nobody can log into the MariaDB

root user without the proper authorisation.

You already have a root password set, so you can safely answer 'n'.

Change the root password? [Y/n] n

... skipping.

By default, a MariaDB installation has an anonymous user, allowing anyone to log into MariaDB without having to have a user account created for them. This is intended only for testing, and to make the installation go a bit smoother. You should remove them before moving into a production environment.

Remove anonymous users? [Y/n] n

... skipping.

Normally, root should only be allowed to connect from 'localhost'. This ensures that someone cannot guess at the root password from the network.

Disallow root login remotely? [Y/n] n

... skipping.

By default, MariaDB comes with a database named 'test' that anyone can access. This is also intended only for testing, and should be removed before moving into a production environment.

Remove test database and access to it? [Y/n] n

... skipping.

Reloading the privilege tables will ensure that all changes made so far will take effect immediately.

Reload privilege tables now? [Y/n] y

... Success!

Cleaning up...

```
All done! If you've completed all of the above steps, your MariaDB
installation should now be secure.
Thanks for using MariaDB!
root@ controller:/#
```

6. 安装消息队列

OpenStack 使用 message queue 协调各服务之间的状态信息。消息队列服务一般运行在控制结点上。OpenStack 支持好几种消息队列服务，包括 RabbitMQ，Qpid 和 ZeroMQ。不过，大多数发行版本的 OpenStack 包支持特定的消息队列服务。本系统安装 RabbitMQ 消息队列服务，并且在控制结点上执行。

（1）安装服务包

```
# apt-get install rabbitmq-server
```

（2）添加 OpenStack 用户

```
# rabbitmqctl add_user openstack adminroot（该密码是本案例自定义密码）
Creating user "OpenStack" .
```

这里的"adminroot"是本案例自定义的密码，用蓝色显示，执行命令中正常书写，读者可根据自己的实际情况更换该密码。

（3）给"OpenStack"用户配置写和读权限

```
# rabbitmqctl set_permissions openstack ".*" ".*" ".*"
Setting permissions for user "OpenStack" in vhost "/" ...
```

7. 安装配置 Memcached 服务

缓存服务 memecached 运行在控制结点。认证服务的认证缓存使用 Memcached 缓存令牌。在生产部署中，推荐联合启用防火墙、认证和加密保证它的安全。

（1）安装软件包

```
# apt-get install memcached python-memcache
```

（2）编辑/etc/memcached.conf 文件

配置服务使用控制结点的管理 IP 地址，以此使其他结点通过管理网地址访问控制结点。

-L 10.16.199.211（该 IP 地址原文件中是 127.0.0.1，改成自己控制结点的 IP 地址）

（3）重启 Memcached 服务

```
# service memcached restart
```

8. 安装配置 Etcd 服务（可选安装）

Etcd 服务在本案例中为可选安装。

Etcd 是一个开源的、分布式的键值对数据存储系统，提供共享配置、服务的注册和发现。可以实现服务发现（Service Discovery）、消息发布与订阅、负载均衡、分布式通知与协调、分布式锁、分布式队列、集群监控与 Leader 竞选等应用。

（1）安装 Etcd 数据包（见图 3-1-18）

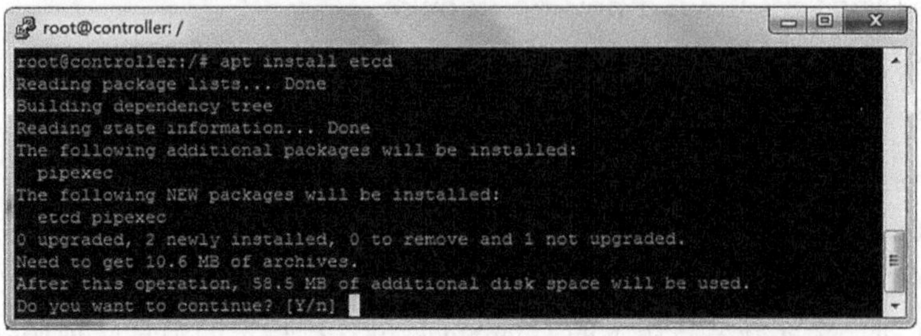

图 3-1-18　安装 Etcd 数据包

（2）安装完成（见图 3-1-19）

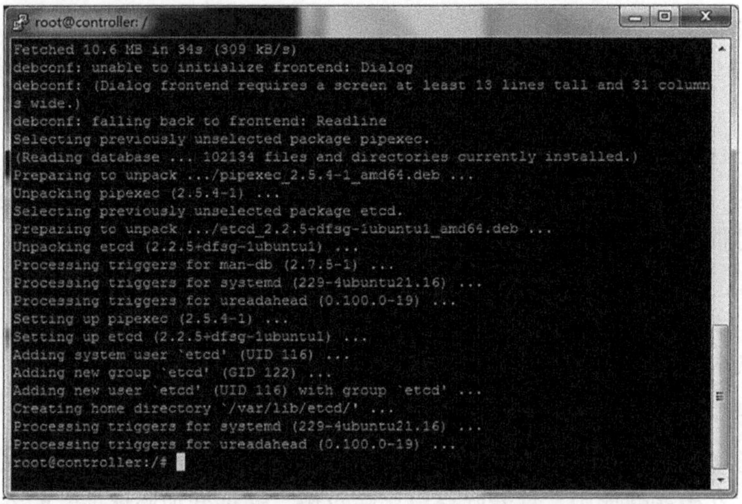

图 3-1-19　完成安装

（3）修改配置文件

root@ controller:/# vim/etc/default/etcd

ETCD_NAME = "controller"

ETCD_DATA_DIR = "/var/lib/etcd"

ETCD_INITIAL_CLUSTER_STATE = "new"

ETCD_INITIAL_CLUSTER_TOKEN = "etcd-cluster-01"

ETCD_INITIAL_CLUSTER = "controller = http://10.16.199.211:2380"

ETCD_INITIAL_ADVERTISE_PEER_URLS = "http://10.16.199.211:2380"

ETCD_ADVERTISE_CLIENT_URLS = "http://10.16.199.211:2379"

ETCD_LISTEN_PEER_URLS = "http://0.0.0.0:2380"

ETCD_LISTEN_CLIENT_URLS = "http://10.16.199.211:2379"

（4）允许 Etcd 运行并启动 Etcd 服务

root@ controller:/# systemctl enable etcd

```
Synchronizing state of etcd.service with SysV init with/lib/
systemd/systemd-sysv-install...
Executing/lib/systemd/systemd-sysv-install enable etcd
root@ controller:/# systemctl start etcd
```

三、创建云涛公司云操作系统环境测试实施计划

编写云涛公司云操作系统环境测试实施计划书,要求能根据该计划书,在云平台上操作实现,完成环境的安装,并能进行测试。

根据前面综合分析,完成该部分的测试可以采用如下步骤:实现基本的软硬件环境建设,包括规划硬件环境、安装时间同步服务、安装 OpenStack 数据库软件包、安装消息队列和配置 Memcached 服务等。

巩固与思考

①描述云操作系统环境部署与操作系统环境的区别。
②通过互联网等手段,收集各种服务的作用与测试方法。

任务二 安装和配置 OpenStack 认证服务

学习目标

①能说出 OpenStack 认证管理的用途;
②能描述 OpenStack 认证管理组件的功能;
③能在教师的指导下进行 OpenStack 认证管理的相关操作。

任务内容

能理解和识记 OpenStack 认证管理的含义与功能,并能在教师的指导下进行 OpenStack 认证服务的安装与配置,创建身份认证服务及验证等操作。

任务实施

一、概述

OpenStack 的 Identity Service 为认证管理、授权管理和服务目录服务管理提供单点整合。其他 OpenStack 服务将身份认证服务均交给 Identity Service 处理。此外,提供用户信息但是不在 OpenStack 项目中的服务(如 LDAP 服务)可被整合进先前存在的基础设施中。

在 OpenStack 中,其他服务需要与 Identity Service 合作,当某个 OpenStack 服务收到来自用户的请求时,该服务询问 Identity 服务,验证该用户是否有权限进行此次请求。

身份服务包含如下组件:

1. 服务器

一个中心化的服务器使用 RESTful 接口来提供认证和授权服务。

2. 驱动

驱动或服务后端被整合进集中式服务器中。它们被用来访问 OpenStack 外部仓库的身份信息，并且它们可能已经存在于 OpenStack 被部署在的基础设施（例如，SQL 数据库或 LDAP 服务器）中。

3. 模块

中间件模块运行于使用身份认证服务的 OpenStack 组件的地址空间中。这些模块拦截服务请求，取出用户凭据，并将它们送入中央服务器寻求授权。中间件模块和 OpenStack 组件间的整合使用 Python Web 服务器网关接口。

当安装 OpenStack 身份服务，用户必须将之注册到其 OpenStack 安装环境的每个服务，身份服务才可以追踪那些已安装的 OpenStack 服务，以及在网络中定位它们。

二、安装和配置 OpenStack 认证服务

该部分描述了如何在控制结点上安装和配置 OpenStack 身份认证服务，采用 Keystone 配置部署 Fernet 令牌和 Apache HTTP 服务处理请求。

1. 配置数据库信息

在配置 OpenStack 身份认证服务前，必须创建一个数据库和管理员令牌，这是配置认证服务的先决条件。

①用数据库连接客户端以 root 用户连接到数据库服务器，输入数据库 root 账户的密码，具体如图 3-2-1 所示。这里提示读者，数据库命令结尾都以英文的分号结束。

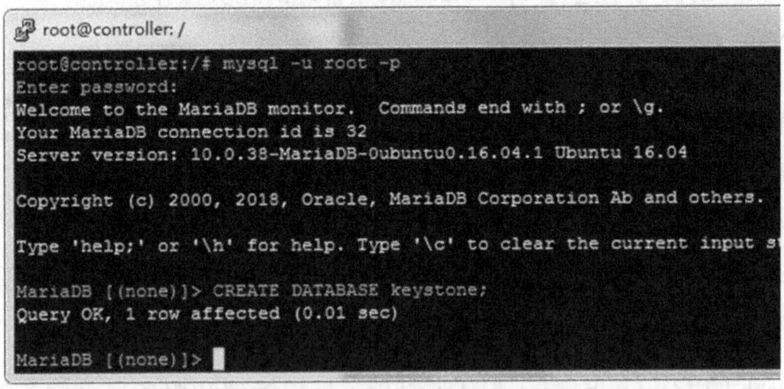

图 3-2-1 登录数据库

登录数据库：

$ mysql -u root -p

②创建 Keystone 数据库：

MariaDB [(none)] > CREATE DATABASE keystone;

③对 Keystone 数据库授予恰当的权限：

GRANT ALL PRIVILEGES ON keystone.* TO 'keystone'@'localhost' \

IDENTIFIED BY 'KEYSTONE_DBPASS';
GRANT ALL PRIVILEGES ON keystone.* TO 'keystone'@'%' \
　　IDENTIFIED BY 'KEYSTONE_DBPASS';

这里要用合适的密码替换 KEYSTONE_DBPASS，本案例中密码用 adminroot，具体如图 3－2－2 所示。

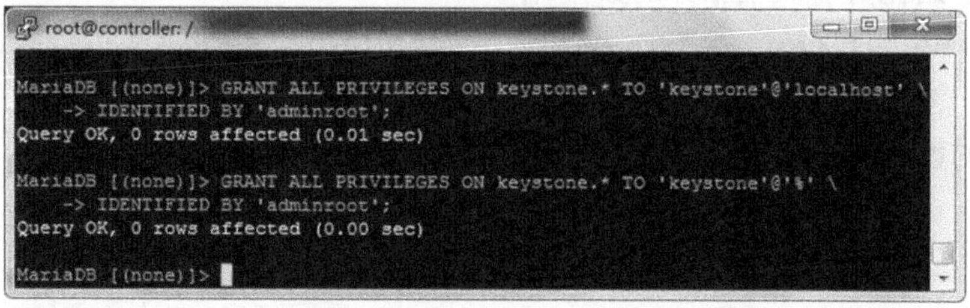

图 3－2－2　数据库授权

④退出数据库客户端：
MariaDB [(none)] > quit;
Bye

2. 安装和配置组件

下面将详细讲解 OpenStack 的认证服务和 Keystone 服务组件安装过程，主要过程包括数据包的安装、配置文件相关选项的配置。

> **小提示**
>
> ①由于默认配置文件在各发行版本中可能不同，根据需要添加相关选项，而不是修改已经存在的部分和选项。另外，在本配置指导中，片段中的省略号（...）表示默认的配置选项，不需要进行修改。
>
> ②教程使用带有 "mod_wsgi" 的 Apache HTTP 服务器来提供认证服务请求，端口为 5000 和 35357，默认情况下，Keystone 服务监听这些端口。

（1）运行以下命令来安装包
apt install keystone apache2 libapache2-mod-wsgi
（2）编辑文件 /etc/keystone/keystone.conf 并完成如下动作
root@controller:/# vim /etc/keystone/keystone.conf
①在 [database] 部分，配置数据库访问：
[database]
...
Connection = mysql+pymysql://keystone:KEYSTONE_DBPASS@controller/keystone

将 "KEYSTONE_DBPASS" 替换为用户为数据库选择的密码，并注释掉或者删除任何其他 Connection 选项的内容。本案例中配置如下：
connection=mysql+pymysql://keystone:adminroot@controller/

keystone

②在[token]部分，配置 Fernet UUID 令牌的提供者。

[token]

...

provider = fernet

(3) 初始化身份认证服务的数据库

su -s /bin/sh -c "keystone-manage db_sync" keystone

注意：忽略输出中任何信息。

(4) 初始化 Fernet keys

root@ controller:/# keystone-manage fernet_setup --keystone-user keystone --keystone-group keystone

root@ controller:/# keystone-manage credential_setup --keystone-user keystone --keystone-group keystone

此处没有输出信息。

(5) 引导身份服务

root@ controller:/# keystone-manage bootstrap --bootstrap-password adminroot \

> --bootstrap-admin-url http://controller:35357/v3/ \

> --bootstrap-internal-url http://controller:5000/v3/ \

> --bootstrap-public-url http://controller:5000/v3/ \

> --bootstrap-region-id RegionOne

root@ controller:/#

这里管理员密码用 adminroot。

3. 配置 Apache HTTP 服务器

编辑"/etc/apache2/apache2.conf"文件，将"ServerName"选项配置为控制结点的名称：

ServerName controller

4. 完成安装

(1) 重启 Apache HTTP 服务器

service apache2 restart

(2) 配置管理员账号运行环境参数

#cd /

#mkdir openrc

#vi /openrc/admin_openrc

输入以下内容：

export OS_USERNAME = admin

export OS_PASSWORD = ADMIN_PASS

export OS_PROJECT_NAME = admin

export OS_USER_DOMAIN_NAME = Default

export OS_PROJECT_DOMAIN_NAME = Default
export OS_AUTH_URL = http://controller:35357/v3
export OS_IDENTITY_API_VERSION = 3
export OS_IMAGE_API_VERSION = 2

注意：根据自己的情况用管理员密码替换掉"ADMIN_PASS"。这里用 adminroot 替换，controller 改成用户控制主机的名称。

（3）配置 demo 账号运行环境参数

#vi/openrc/demo_openrc

输入以下内容：

export OS_PROJECT_DOMAIN_NAME = Default
export OS_USER_DOMAIN_NAME = Default
export OS_PROJECT_NAME = demo
export OS_USERNAME = demo
export OS_PASSWORD = demo
export OS_AUTH_URL = http://controller:5000/v3
export OS_IDENTITY_API_VERSION = 3
export OS_IMAGE_API_VERSION = 2

三、创建域（domains）、项目（projects）、用户（users）和角色（roles）

身份认证服务为 OpenStack 所有服务提供认证服务，包含域（domains）、项目（projects）、用户（users）和角色（roles）等。

1. 运行管理员认证脚本

root@ controller:/openrc#. admin_openrc

2. 创建 service（服务）项目

添加到 OpenStack 环境中的每一个服务均有一个唯一的用户，OpenStack 的服务项目提供该服务（见图 3-2-3）。命令如下：

openstack project create --domain default --description "Service Project" service

图 3-2-3　创建 service 项目

注意：OpenStack 是动态生成 ID 的，因此读者创建时看到的输出会与示例中的命令行输出不相同。

3. 创建 demo 项目

有时需要非特权用户进行实验、测试等工作，采用 demo 用户登录，如果不进行 demo 测试，下面关于 demo 部分命令可以不创建执行。下面创建 demo 项目实现。

（1）创建 demo 项目（见图 3-2-4）

命令如下：

```
$ openstack project create --domain default --description "Demo Project" demo
```

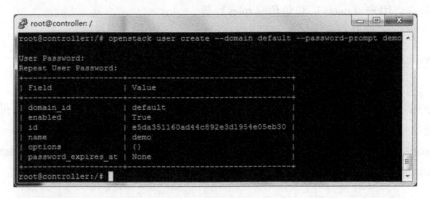

图 3-2-4 创建 demo 项目

注意：不要在该项目中重复添加其他用户。

（2）添加 demo 用户（见图 3-2-5）

```
$ openstack user create --domain default --password-prompt demo
```

图 3-2-5 添加 demo 用户

（3）添加 user 角色到 demo 项目和用户

```
$ openstack role create user
$ openstack role add --project demo --user demo user
```

注意：该命令没有输出信息。

小提示

创建的任何角色必须映射到每个 OpenStack 服务配置文件目录下的 policy.json 文件中。默认策略是给予 admin 角色大部分服务的管理访问权限。

四、验证操作

在安装其他服务之前确认身份认证服务的操作。下面的操作在控制结点上完成。

1. 关闭临时认证令牌机制

由于安全的原因，关闭临时认证令牌机制，编辑/etc/keystone/keystone-paste.ini 文件并从［pipeline：public_api］、［pipeline：admin_api］和［pipeline：api_v3］节中注释 admin_token_auth 选项。

2. 重置 OS_TOKEN 和 OS_URL 环境变量

$ unset OS_TOKEN OS_URL

3. 设置 admin 用户（见图 3-2-6），请求需要认证令牌

$ openstack --os-auth-url http://controller:35357/v3
　　--os-project-domain-name Default --os-user-domain-name Default \
　　--os-project-name admin --os-username admin token issue

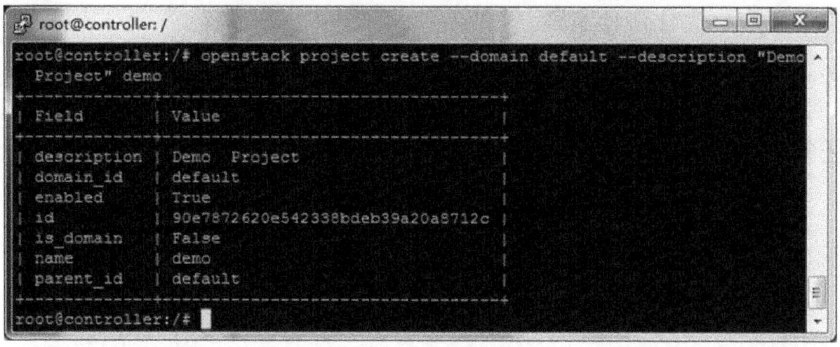

图 3-2-6　设置 admin 用户

4. 设置 demo 用户（见图 3-2-7），请求需要认证令牌

$ openstack --os-auth-url http://controller:5000/v3 \
　　--os-project-domain-name Default --os-user-domain-name Default \
　　--os-project-name demo --os-username demo token issue

图 3-2-7　设置 demo 用户

巩固与思考

①描述创建域（domains）、项目（projects）、用户（users）和角色之间的联系与区别？

②验证认证服务不通过，有哪几种可能的原因？

任务三　安装镜像服务

学习目标

①能描述 OpenStack 镜像服务的作用；
②能描述 OpenStack 镜像服务的组件；
③会安装 OpenStack 镜像服务；
④会测试 OpenStack 镜像服务；
⑤整理操作，优化最佳实践。

任务内容

本任务是了解什么是镜像，并完成镜像的安装、测试等工作，为下一个任务打好基础。

任务实施

一、镜像服务的概念

镜像服务（Glance）允许用户发现、注册和获取虚拟机镜像。它提供了一个 REST API，允许用户查询虚拟机镜像的 metadata 并获取一个现存的镜像。用户可以将虚拟机镜像存储到各种位置，从简单的文件系统到对象存储系统，例如 OpenStack 对象存储，并通过镜像服务使用。

> **小提示**
>
> 简单来说，本任务描述了使用"file"作为后端配置镜像服务，能够上传并存储在一个托管镜像服务的控制结点目录中。默认情况下，这个目录是/var/lib/glance/images/。
>
> 继续进行之前，确认控制结点的该目录有至少几千兆字节的可用空间。
>
> 本任务在控制结点上完成。

OpenStack 镜像服务是 IaaS 的核心服务。它接受磁盘镜像或服务器镜像 API 请求和来自终端用户或 OpenStack 计算组件的元数据定义。它也支持包括 OpenStack 对象存储在内的多种类型仓库上的磁盘镜像或服务器镜像存储。

大量周期性进程运行于 OpenStack 镜像服务上以支持缓存。同步复制（replication）服务保证集群中的一致性和可用性。其他周期性进程包括 auditors，updaters 和 reapers。

OpenStack 镜像服务包括以下组件：

glance - api：接受镜像 API 的调用，诸如镜像发现、恢复、存储。

glance - registry：存储、处理和恢复镜像的元数据。元数据包括项诸如大小和类型。glance - registry 是私有内部服务，用于服务 OpenStack Image 服务。不要向用户暴露该服务。

数据库：存放镜像元数据。用户是可以依据个人喜好选择数据库的，多数的部署使用 MySQL 或 SQLite。

镜像文件的存储库：支持多种存储类型，包括普通文件系统、对象存储、RADOS 块设备、HTTP 及亚马逊 S3。注意，其中一些存储仅支持只读方式使用。

元数据定义服务：通用的 API，是用于为厂商、管理员、服务及用户自定义元数据的。这种元数据可用于不同的资源，例如镜像、工件、卷、配额以及集合。一个定义包括了新属性的键、描述、约束以及可以与之关联的资源的类型。

二、基础配置

安装和配置镜像服务之前，必须创建一个数据库、服务凭证和 API 端口，这些配置需要在控制结点上完成。

1. 创建数据库

①用数据库连接客户端以 root 用户连接到数据库服务器：

```
root@ controller:/# mysql -u root -p
Enter password：（此处输入密码，不显示）
Welcome to the MariaDB monitor.Commands end with ; or \g.
Your MariaDB connection id is 44
Server version: 10.0.38 -MariaDB -0ubuntu0.16.04.1 Ubuntu 16.04
Copyright (c) 2000, 2018, Oracle, MariaDB Corporation Ab and others.

Type 'help;' or '\h' for help. Type '\c' to clear the current input statement.
```

②创建 Glance 数据库：

```
CREATE DATABASE glance;
```

③对 Glance 数据库授予恰当的权限：

```
GRANT ALL PRIVILEGES ON glance.* TO 'glance'@'localhost' \
   IDENTIFIED BY 'GLANCE_DBPASS';
GRANT ALL PRIVILEGES ON glance.* TO 'glance'@'%' \
   IDENTIFIED BY 'GLANCE_DBPASS';
```

用一个合适的密码替换 GLANCE_DBPASS，这里采用 adminroot。

④退出数据库客户端。

2. 获得 admin 凭证

获取只有管理员才能执行的命令的访问权限，并进行环境设置。

openrc $. admin_openrc

3. 创建服务证书

①创建 Glance 用户（见图 3-3-1）：

openstack user create --domain default --password-prompt glance

图 3-3-1 创建 Glance 用户

②添加 admin 角色到 glance 用户和 service 项目上：

openstack role add --project service --user glance admin

③创建 glance 服务实体（见图 3-3-2）：

openstack service create --name glance \
　--description "OpenStack Image" image

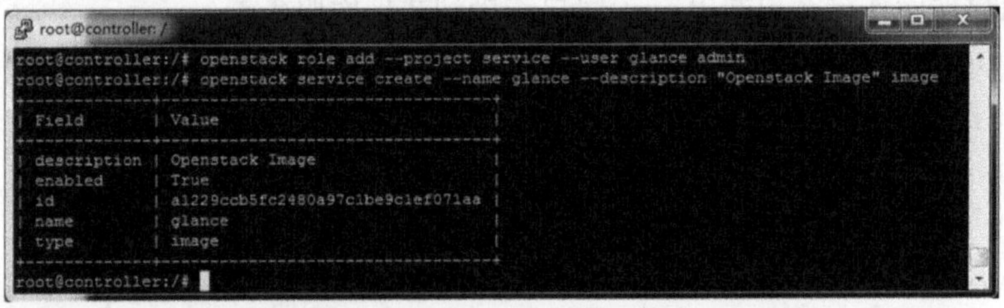

图 3-3-2 添加角色和创建服务实体

4. 创建镜像服务的 API 端点

创建镜像服务的 API 端点，分别执行如下命令，执行结果如图 3-3-3～图 3-3-5 所示，注意命令执行过程产生的 ID 是随机产生的。

图 3-3-3 创建 public 端口

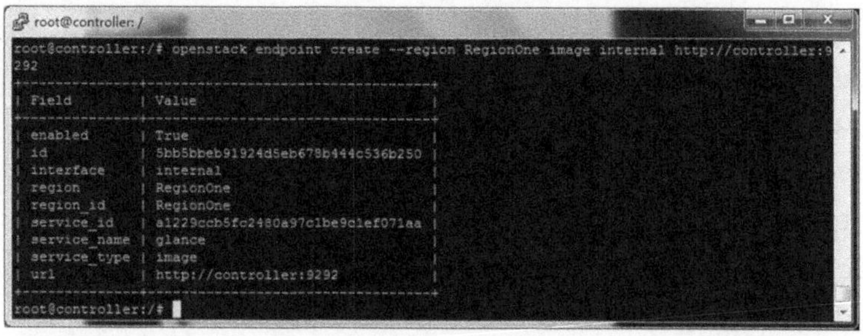

图 3-3-4 创建 internal 端口

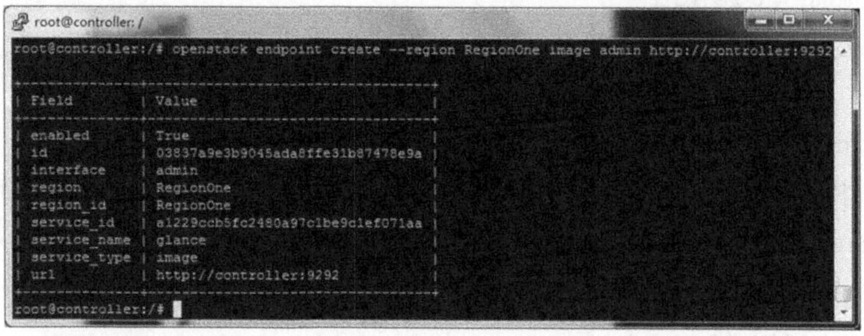

图 3-3-5 创建 admin 端口

$ openstack endpoint create --region RegionOne \
  image public http://controller:9292
$ openstack endpoint create --region RegionOne \
  image internal http://controller:9292
$ openstack endpoint create --region RegionOne \
  image admin http://controller:9292

public、admin 和 internal 的含义介绍如下：public 是公共的意思，公共 API 网络为了让顾客管理他们自己的云在互联网上是可见的；admin 是管理的意思，管理 API 网络在管理云基础设施的组织中操作也是有所限制的；internal 是内部的意思，内部 API 网络会被限制在包含 OpenStack 服务的主机上。

三、安装和配置镜像组件

1. 安装软件包

apt -get install glance

2. 编辑文件/etc/glance/glance-api.conf 并完成如下动作

①在 [database] 部分，配置数据库访问：
[database]
...
connection = mysql+pymysql://glance:adminroot@controller/glance

这里密码用 adminroot。

②在 [keystone_authtoken] 和 [paste_deploy] 部分，配置认证服务访问：

```
#...
auth_uri = http://controller:5000
auth_url = http://controller:35357
memcached_servers = controller:11211
auth_type = password
project_domain_name = default
user_domain_name = default
project_name = service
username = glance
password = adminroot
#...
flavor = keystone
```

注意：将 GLANCE_PASS 替换为用户为认证服务中 Glance 用户选择的密码。在 [keystone_authtoken] 中注释或者删除其他选项。

③在 [glance_store] 部分，配置本地文件系统存储和镜像文件位置：

```
[glance_store]
#...
stores = file, http
default_store = file
filesystem_store_datadir = /var/lib/glance/images/
```

3. 编辑文件/etc/glance/glance-registry.conf 并完成如下动作

①在 [database] 部分，配置数据库访问：

```
[database]
#...
connection = mysql+pymysql://glance:adminroot@controller/glance
```

这里密码用 adminroot。

②在 [keystone_authtoken] 和 [paste_deploy] 部分，配置认证服务访问：

```
#...
auth_uri = http://controller:5000
auth_url = http://controller:35357
memcached_servers = controller:11211
auth_type = password
project_domain_name = default
user_domain_name = default
project_name = service
username = glance
password = adminroot
...
[paste_deploy]
```

flavor = keystone

注意：在［keystone_authtoken］中注释或者删除其他选项。

4. 同步镜像服务数据库（见图3－3－6）

\# su －s/bin/sh －c "glance －manage db_sync" glance

注意：忽略输出中任何信息。

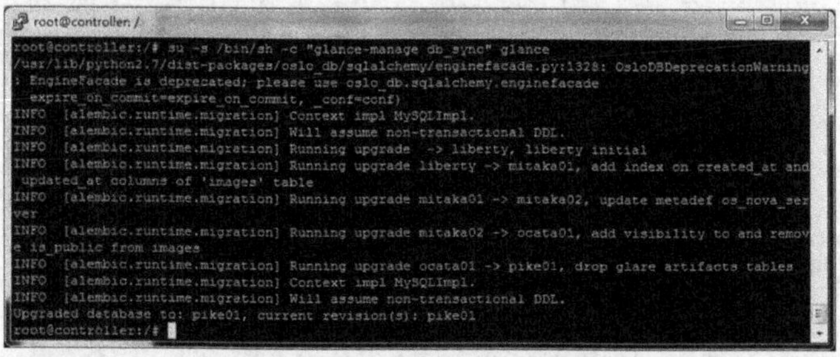

图3－3－6　同步镜像服务数据库

四、启动镜像服务

\# service glance －registry restart
\# service glance －api restart

五、校验操作

这里使用"CirrOS"（http://launchpad.net/cirros）对镜像服务进行验证，CirrOS是一个小型的Linux镜像，可以用来进行OpenStack部署测试。在控制结点上执行这些命令。

1. 获得admin凭证

获取只有管理员才能执行的命令的访问权限。

$. admin －openrc

2. 下载源镜像（见图3－3－7）

用命令实现：

wget http://download.cirros －cloud.net/0.3.4/cirros －0.3.4 －x86_64 －disk.img

3. 上传镜像（见图3－3－8）

使用QCOW2磁盘格式，bare容器格式上传镜像到镜像服务并设置公共可见，这样所有的项目都可以访问它。

用命令实现：

openstack image create "cirros"\
　　－－file cirros －0.3.4 －x86_64 －disk.img \
　　－－disk －format qcow2 －－container －format bare \
　　－－public

图 3-3-7 下载源镜像

图 3-3-8 上传镜像

4. 确认镜像的上传并验证（见图 3-3-9）

openstack image list

图 3-3-9 确认镜像的上传并验证

巩固与思考

① 镜像服务除按教师提供的方式获取外，还可以怎样获取？
② 镜像服务在 OpenStack 云平台中起到什么作用？没有镜像服务会有什么影响？

任务四　安装计算服务

学习目标

①能描述 OpenStack 计算服务的用途；
②能描述 OpenStack 计算服务的组件；
③学会创建、授权数据库等操作；
④学会安装、配置与验证计算服务；
⑤分享工作经验，提升职业素养。

任务内容

本任务是在 OpenStack 云平台上完成计算服务的创建、配置与验证等工作的。

任务实施

一、计算服务的作用与地位

OpenStack 计算服务用来托管和管理云计算系统，是基础设施即服务（IaaS）系统的主要部分，也是核心服务，模块主要由 Python 开发实现。

OpenStack 计算组件请求 OpenStack Identity 服务进行认证；请求 OpenStack Image 服务提供磁盘镜像；为 OpenStack Dashboard 提供用户与管理员接口。磁盘镜像访问限制在项目与用户上；配额以每个项目进行设定（例如，每个项目下可以创建多少实例）。OpenStack 组件可以在标准硬件上大规模扩展，并且下载磁盘镜像来启动虚拟机实例。

OpenStack 计算服务由下列组件所构成：

（1）nova-api 服务

接受和响应来自最终用户的计算 API 请求。此服务支持 OpenStack 计算服务 API、Amazon EC2 API，以及特殊的管理 API，用于赋予用户做一些管理的操作。它会强制实施一些规则，发起多数的编排活动，例如运行一个实例。

（2）nova-api-metadata 服务

接受来自虚拟机发送的元数据请求。nova-api-metadata 服务一般在安装 nova-network 服务的多主机模式下使用。

（3）nova-compute 服务

nova-compute 服务是计算服务持续工作的守护进程，通过 Hypervior 的 API 来创建和销毁虚拟机实例，管理虚拟机的生命周期。例如：XenServer/XCP 的 XenAPI、KVM 或 QEMU 的 libvirt 和 VMware 的 VMwareAPI。

守护进程接受来自队列的动作请求，转换为一系列的系统命令，如启动一个 KVM 实例，然后到数据库中更新它的状态。

(4) nova – placement – api 服务

跟踪每个主机资源的使用情况。

(5) nova – scheduler 服务

接受来自队列请求虚拟机实例,然后通过一定的规则和算法决定在哪台计算结点上来运行它。

(6) nova – conductor 模块

作用于 nova – compute 服务与数据库之间。它排除了由 nova – compute 服务对云数据库的直接访问。nova – conductor 模块可以水平扩展,但是,不要将它部署在运行 nova – compute 服务的主机结点上。

(7) nova – cert 模块

服务器守护进程向 Nova Cert 服务提供 X509 证书。用来为 euca – bundle – image 生成证书,仅仅是在 EC2 API 的请求中使用。

(8) nova – network worker 守护进程

与 nova – compute 服务类似,从队列中接受网络任务,并且操作网络,执行任务,例如创建桥接的接口或者改变 IPtables 的规则。

(9) nova – consoleauth 守护进程

授权控制台代理所提供的用户令牌。该服务必须为控制台代理运行才可奏效。在集群配置中可以运行二者中任一代理服务而非仅运行一个 nova – consoleauth 服务。

(10) nova – novncproxy 守护进程

提供一个代理,用于访问正在运行的实例,通过 VNC 协议,支持基于浏览器的 novnc 客户端。

(11) nova – spicehtml5proxy 守护进程

提供一个代理,用于访问正在运行的实例,通过 SPICE 协议,支持基于浏览器的 HTML5 客户端。

(12) nova – xvpvncproxy 守护进程

提供一个代理,用于访问正在运行的实例,通过 VNC 协议,支持 OpenStack 特定的 Java 客户端。

(13) nova – cert 守护进程

向 nova – cert 服务提供 X509 证书。

(14) nova 客户端

用于用户作为租户管理员或最终用户来提交命令。

(15) 队列

一个在守护进程间传递消息的中央集线器。常见实现有 RabbitMQ 等 AMQP 消息队列。

(16) SQL 数据库

存储构建时和运行时的状态,为云基础设施,包括:可用实例类型,使用中的实例,可用网络、项目等。

理论上,OpenStack 计算可以支持任何 SQL – Alchemy 所支持的后端数据库,通常使用 SQLite3 来做测试开发工作,MySQL 和 PostgreSQL 作生产环境。

二、安装并配置控制结点

在安装和配置 Compute 服务前，必须创建数据库服务的凭据以及 API 服务访问点。

1. 创建数据库

用数据库连接客户端，以 root 用户连接到数据库服务器。必须完成以下操作步骤：

（1）用数据库连接客户端以 root 用户连接到数据库服务器

$ mysql -u root -p

（2）创建 nova_api、nova 和 nova_cell0 数据库

CREATE DATABASE nova_api;

CREATE DATABASE nova;

CREATE DATABASE nova_cell0;

如图 3-4-1 所示创建 nova_api、nova 和 nova_cell0 数据库。图 3-4-2 是创建完成后显示的结果。

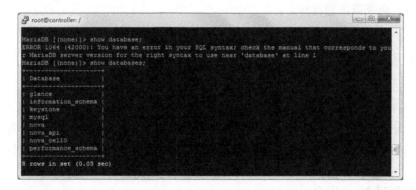

图 3-4-1 创建 nova_api、nova 和 nova_cell0 数据库

图 3-4-2 显示数据库

（3）对数据库进行正确的授权

注意：下面实例中的密码 NOVA_DBPASS，可用用户自己的密码代替。这里用 adminroot 密码。

GRANT ALL PRIVILEGES ON nova_api.* TO 'nova'@'localhost' \

```
    IDENTIFIED BY 'NOVA_DBPASS';
GRANT ALL PRIVILEGES ON nova_api.* TO 'nova'@'%' \
    IDENTIFIED BY 'NOVA_DBPASS';
GRANT ALL PRIVILEGES ON nova.* TO 'nova'@'localhost' \
    IDENTIFIED BY 'NOVA_DBPASS';
GRANT ALL PRIVILEGES ON nova.* TO 'nova'@'%' \
    IDENTIFIED BY 'NOVA_DBPASS';
GRANT ALL PRIVILEGES ON nova_cell0.* TO 'nova'@'localhost' \
    IDENTIFIED BY 'NOVA_DBPASS';
GRANT ALL PRIVILEGES ON nova_cell0.* TO 'nova'@'%' \
    IDENTIFIED BY 'NOVA_DBPASS';
```

如图3-4-3所示，对所创建的 nova_api、nova 和 nova_cell0 数据库进行授权。

图3-4-3 对数据库进行授权

（4）退出数据库客户端

用 quit 命令退出数据库。

2. 获得 admin 凭证

获取只有管理员才能执行命令的访问权限并设置环境变量。

```
# . admin-openrc
```

3. 配置 Nova 和 Placement 服务

下面分别配置 Nova 和 Placement 服务，步骤（1）~（4）配置 Nova 服务，步骤（5）~（8）配置 Placement 服务，操作过程中按照规划设置密码，命令中配置信息不能有误。

（1）创建 Nova 用户

```
$ openstack user create --domain default --password-prompt nova
User Password:
Repeat User Password:
```

如图3-4-4所示创建 Nova 用户。

图 3-4-4 创建 nova 用户

（2）添加 Nova 角色

给 Nova 用户添加 admin 角色。（该命令执行没有输出信息）

openstack role add --project service --user nova admin

（3）创建 nova 服务实体

$ openstack service create --name nova \
  --description "OpenStack Compute" compute

如图 3-4-5 所示创建 nova 服务实体。

图 3-4-5 创建 nova 服务实体

（4）创建 Compute 服务 API 端口

注意：根据控制结点名称更换命令中的控制结点名 controller。

openstack endpoint create --region RegionOne \
  compute public http://controller:8774/v2.1

openstack endpoint create --region RegionOne \
  compute internal http://controller:8774/v2.1

openstack endpoint create --region RegionOne \
  compute admin http://controller:8774/v2.1

命令执行如图 3-4-6~图 3-4-8 所示。

图 3-4-6 创建 public 访问点

图 3-4-7 创建 internal 访问点

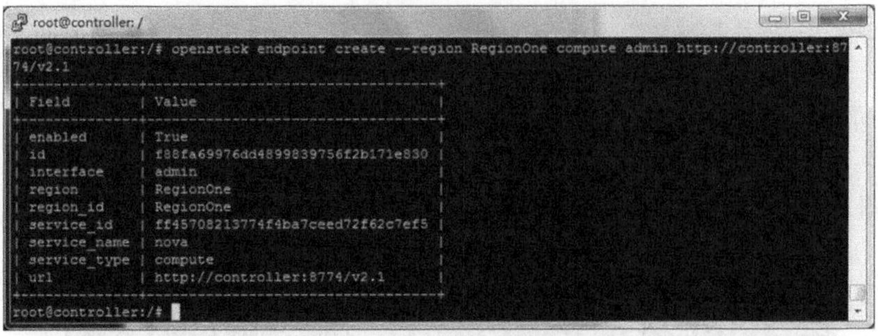

图 3-4-8 创建 admin 访问点

(5) 创建 Placement 服务

openstack user create --domain default --password-prompt placement

User Password:
Repeat User Password:

创建 Placement 用户如图 3-4-9 所示。

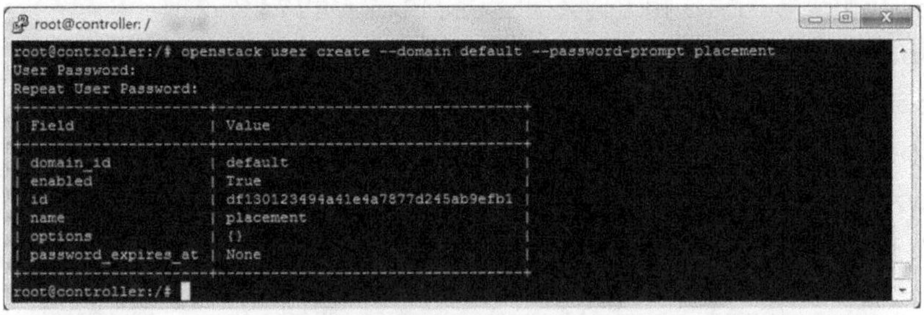

图 3-4-9 创建 Placement 用户

(6) 添加 Placement 角色

给 Placement 用户添加 admin 角色。(该命令执行没有输出信息)

openstack role add --project service --user placement admin

(7) 创建 Placement 服务实体

openstack service create --name placement --description "Placement API" placement

如图 3－4－10 所示创建 Placement 服务实体。

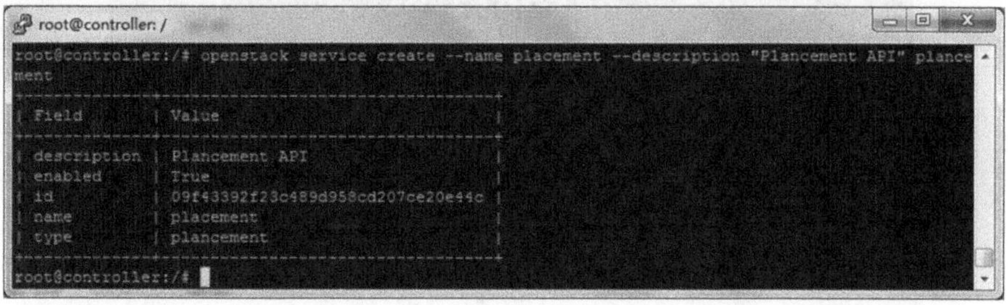

```
root@controller:/# openstack service create --name placement --description "Plancement API" placement
+-------------+----------------------------------+
| Field       | Value                            |
+-------------+----------------------------------+
| description | Plancement API                   |
| enabled     | True                             |
| id          | 09f43392f23c489d958cd207ce20e44c |
| name        | placement                        |
| type        | plancement                       |
+-------------+----------------------------------+
root@controller:/#
```

图 3－4－10　创建 Placement 服务实体

（8）创建 Compute 服务 API 端口

注意：根据控制结点名称更换命令中的控制结点名 controller。

$openstack endpoint create -- region RegionOne placement public http://controller:8778

$openstack endpoint create -- region RegionOne placement internal http://controller:8778

$openstack endpoint create -- region RegionOne placement admin http://controller:8778

命令执行如图 3－4－11～图 3－4－13 所示。

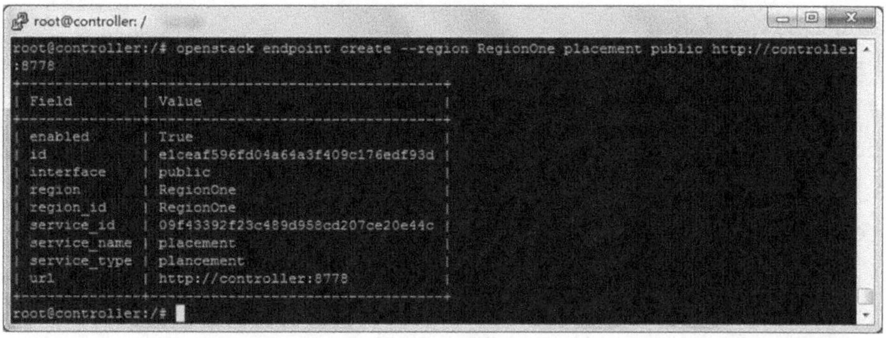

```
root@controller:/# openstack endpoint create --region RegionOne placement public http://controller:8778
+--------------+----------------------------------+
| Field        | Value                            |
+--------------+----------------------------------+
| enabled      | True                             |
| id           | e1ceaf596fd04a64a3f409c176edf93d |
| interface    | public                           |
| region       | RegionOne                        |
| region_id    | RegionOne                        |
| service_id   | 09f43392f23c489d958cd207ce20e44c |
| service_name | placement                        |
| service_type | plancement                       |
| url          | http://controller:8778           |
+--------------+----------------------------------+
root@controller:/#
```

图 3－4－11　创建 public 访问点

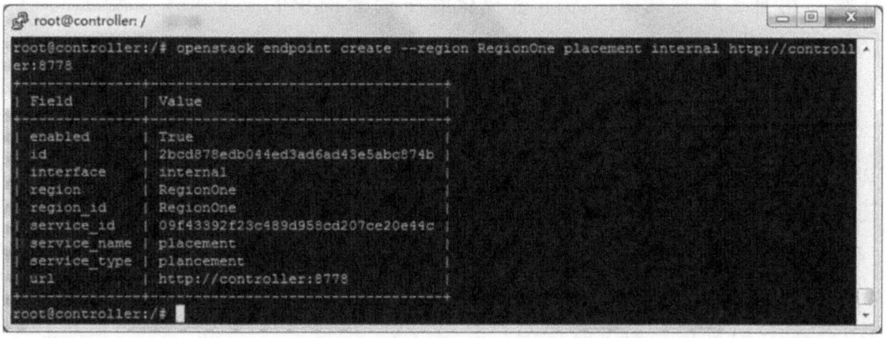

```
root@controller:/# openstack endpoint create --region RegionOne placement internal http://controller:8778
+--------------+----------------------------------+
| Field        | Value                            |
+--------------+----------------------------------+
| enabled      | True                             |
| id           | 2bcd878edb044ed3ad6ad43e5abc874b |
| interface    | internal                         |
| region       | RegionOne                        |
| region_id    | RegionOne                        |
| service_id   | 09f43392f23c489d958cd207ce20e44c |
| service_name | placement                        |
| service_type | plancement                       |
| url          | http://controller:8778           |
+--------------+----------------------------------+
root@controller:/#
```

图 3－4－12　创建 internal 访问点

图 3 – 4 – 13 创建 admin 访问点

4. 安装组件和修改配置文件

默认配置文件在各发行版本中可能不同，可能需要添加和设置相关部分信息。另外，下面在配置片段中的省略号（…）表示默认的配置选项，应该保留，不需要更改。

（1）安装软件包

```
# apt install nova-api nova-conductor nova-consoleauth \
  nova-novncproxy nova-scheduler nova-placement-api
```

（2）修改配置文件

编辑 /etc/nova/nova.conf 配置文件。

①在 [api_database] 和 [database] 部分，配置数据库访问信息。

注意：用自己规划的密码代替下面示例中的 NOVA_DBPASS，控制结点的名称可根据自己规划的名称修改。

```
[api_database]
# ...
connection = mysql+pymysql://nova:NOVA_DBPASS@controller/nova_api

[database]
# ...
connection = mysql+pymysql://nova:NOVA_DBPASS@controller/nova
```

②在 [DEFAULT] 部分，配置 RabbitMQ 消息队列。

注意：用自己规划的 RABBIT 密码代替下面示例中的 RABBIT_PASS。

```
[DEFAULT]
# ...
transport_url = rabbit://openstack:RABBIT_PASS@controller
```

③在 [api] 和 [keystone_authtoken] 部分，配置认证服务信息。

注意：用自己规划的 Nova 密码代替下面示例中的 NOVA_PASS。

```
[api]
# ...
auth_strategy = keystone
[keystone_authtoken]
# ...
```

```
auth_uri = http://controller:5000
auth_url = http://controller:35357
memcached_servers = controller:11211
auth_type = password
project_domain_name = default
user_domain_name = default
project_name = service
username = nova
password = NOVA_PASS
```

注意：注释掉或者删除［keystone_authtoken］部分的任何其他选项配置。

④在［DEFAULT］部分配置 my_ip 选项。该 my_ip 选项配置应是控制结点管理接口的 IP 地址。

```
[DEFAULT]
# ...
my_ip = 10.16.199.211
```

⑤在［DEFAULT］部分，配置网络服务支持。默认情况下，计算服务使用内置的防火墙服务。由于网络服务包含了防火墙服务，必须使用"nova.virt.firewall.NoopFirewallDriver"防火墙服务来禁用计算服务内置的防火墙服务。

```
[DEFAULT]
# ...
use_neutron = True
firewall_driver = nova.virt.firewall.NoopFirewallDriver
```

⑥在［vnc］部分，配置 VNC 代理。该配置 VNC 代理使用控制结点的管理接口 IP 地址。

```
[vnc]
#...
enabled = true
#...
vncserver_listen = $my_ip
vncserver_proxyclient_address = $my_ip
```

⑦在［glance］部分，配置镜像服务 API 的位置。

```
[glance]
# ...
api_servers = http://controller:9292
```

⑧在［oslo_concurrency］部分，配置锁定路径。

```
[oslo_concurrency]
# ...
lock_path = /var/lib/nova/tmp
```

⑨在［placement］部分，配置 Placement API。

注意：用自己规划的 placement 密码代替下面示例中的 PLACEMENT_PASS，并且注释掉［placement］部分中其他任何认证选项。
```
[placement]
# ...
os_region_name = RegionOne
project_domain_name = Default
project_name = service
auth_type = password
user_domain_name = Default
auth_url = http://controller:35357/v3
username = placement
password = PLACEMENT_PASS
```
⑩同步 nova-api 数据库。

注意：忽略该命令的输出。

`# su-s/bin/sh-c "nova-manage api_db sync" nova`

⑪注册 cell0 数据库。

`# su-s/bin/sh-c "nova-manage cell_v2 map_cell0" nova`

⑫创建 cell1。

`# su-s/bin/sh-c "nova-manage cell_v2 create_cell --name=cell1 --verbose" nova`

⑬同步 nova 数据库。

`# su-s/bin/sh-c "nova-manage db sync" nova`

⑭校验 cell0 和 cell1 正确性（见图 3-4-14）。

`# nova-manage cell_v2 list_cells`

```
root@controller:/openrc# nova-manage cell_v2 list_cells
```

Name		Transport URL	Database Connection
cell0	00000000-0000-0000-0000-000000000000	none:/	mysql+pymysql://nova:***@controller/nova_cell0
cell1	08f2a150-7d3d-4937-b43e-79cf5caa36cf	rabbit://openstack:***@controller	mysql+pymysql://nova:***@controller/nova

图 3-4-14 校验 cell0 和 cell1 正确性

⑮重新启动相关服务。

```
# service nova-api restart
# service nova-consoleauth restart
# service nova-scheduler restart
# service nova-conductor restart
# service nova-novncproxy restart
```

三、安装和配置计算结点

计算服务支持多种虚拟化方式，计算结点需支持对虚拟化的硬件加速。对于传统的硬件，本配置使用 generic QEMU 的虚拟化方式。可以根据这些说明进行细微的调整，或者使用额外的计算结点来横向扩展环境。

1. 安装数据包

apt install nova-compute

2. 修改/etc/nova/nova.conf 配置文件

(1) 在 [DEFAULT] 部分，配置 RabbitMQ 消息队列

注意：用自己规划的 RABBIT 密码代替下面示例中的 RABBIT_PASS。

[DEFAULT]

\# ...

transport_url=rabbit://openstack:RABBIT_PASS@controller

(2) 在 [api] 和 [keystone_authtoken] 部分，配置认证服务访问

注意：用自己规划的 Nova 密码代替下面示例中的 NOVA_PASS，同时注释掉 [keystone_authtoken] 部分中其他任何认证选项。

[api]

\# ...

auth_strategy=keystone

[keystone_authtoken]

\# ...

auth_uri=http://controller:5000

auth_url=http://controller:35357

memcached_servers=controller:11211

auth_type=password

project_domain_name=default

user_domain_name=default

project_name=service

username=nova

password=NOVA_PASS

(3) 在 [DEFAULT] 部分，配置 my_ip 选项

[DEFAULT]

\# ...

my_ip=10.16.199.212（这个地址是计算结点地址）

(4) 在 [DEFAULT] 部分，配置网络服务支持

[DEFAULT]

\# ...

use_neutron=True

firewall_driver=nova.virt.firewall.NoopFirewallDriver

(5) 在 [vnc] 部分，允许和配置远程控制台访问

服务器组件监听所有的 IP 地址，而代理组件仅仅监听计算结点管理网络接口的 IP 地址。基本的 URL 指示用户可以使用 Web 浏览器访问位于该计算结点上实例的远程控制台的位置。

```
[vnc]
# ...
enabled=True
vncserver_listen=0.0.0.0
vncserver_proxyclient_address=$my_ip
novncproxy_base_url=http://controller:6080/vnc_auto.html
```
(6) 在 [glance] 区域,配置镜像服务 API 的位置
```
[glance]
...
api_servers=http://controller:9292
```
(7) 在 [oslo_concurrency] 部分,配置锁定路径
```
[oslo_concurrency]
...
lock_path=/var/lib/nova/tmp
```
说明:由于数据包 bug 的因素,注释掉 [DEFAULT] 中的 log_dir 选项。

(8) 在 [placement] 部分,配置 Placement API

注意:用自己规划的 Nova 密码代替下面示例中的 PLACEMENT_PASS,同时注释掉 [placement] 部分中其他任何认证选项。
```
[placement]
# ...
os_region_name=RegionOne
project_domain_name=Default
project_name=service
auth_type=password
user_domain_name=Default
auth_url=http://controller:35357/v3
username=placement
password=PLACEMENT_PASS
```

3. 后续检查配置

下面通过查看计算结点硬件是否支持硬件加速,完成计算结点的虚拟化配置。

(1) 查看是否支持虚拟化
```
$ egrep -c '(vmx|svm)' /proc/cpuinfo
```
该命令如果返回"1"或者大于"1",说明计算结点支持硬件加速,就不需要增加其他配置;如果返回"0",说明计算结点不支持硬件加速,只能使用 QEMU,不能使用 KVM 配置,需要进行如下配置。

(2) 修改/etc/nova/nova-compute.conf 文件的 [libvirt] 部分
```
[libvirt]
# ...
virt_type=qemu
```

(3) 重启计算服务

`# service nova-compute restart`

说明：如果 nova-compute 启动失败，检查/var/log/nova/nova-compute.log 文件的错误，错误信息显示 AMQP 服务在 controller:5672 上不可达，说明在控制结点上 5672 端口不许访问，请在防火墙上开放 5672 端口。

4. 添加计算结点到 cell 数据库

下面命令在控制结点上运行。

(1) 查看计算结点，确认计算结点在数据库中

```
$ . admin-openrc
$ openstack compute service list --service nova-compute
```

(2) 发现计算结点主机

```
# su -s /bin/sh -c "nova-manage cell_v2 discover_hosts --verbose" nova
Found 2 cell mappings.
Skipping cell0 since it does not contain hosts.
Getting compute nodes from cell 'cell1': ad5a5985-a719-4567-98d8-8d148aaae4bc
Found 1 computes in cell: ad5a5985-a719-4567-98d8-8d148aaae4bc
Checking host mapping for compute host 'compute': fe58ddc1-1d65-4f87-9456-bc040dc106b3
Creating host mapping for compute host 'compute': fe58ddc1-1d65-4f87-9456-bc040dc106b3
```

注意：当添加新的计算结点，必须在控制结点上运行 nova-manage cell_v2 discover_hosts 命令。注册新的计算结点，可以在/etc/nova/nova.conf 文件中进行如下设置：

```
[scheduler]
discover_hosts_in_cells_interval = 300
```

四、校验操作

以下操作在控制结点上完成。

1. 获得 admin 凭证

获取只有管理员才能执行的命令的访问权限：

`$ . admin-openrc`

2. 列出服务组件，以验证是否成功启动并注册了每个进程

`$ openstack compute service list`

Id	Binary	Host	Zone	Status	State
1	nova-consoleauth	controller	internal	enabled	up
2	nova-scheduler	controller	internal	enabled	up
3	nova-conductor	controller	internal	enabled	up
4	nova-compute	compute1	nova	enabled	up

该输出应该显示3个服务组件在控制结点上启用，1个服务组件在计算结点上启用。

3. 检查服务访问点

执行命令 OpenStack catalog list，可以看到前期安装服务的 public、internal、admin 的服务访问点信息。

巩固与思考

①描述计算服务在 OpenStack 云平台中的主要作用。为什么在云平台中要用到计算服务？

②计算服务在 [vnc] 部分，如果不允许和配置远程控制台访问会对云平台的操作产生哪些影响？

任务五　安装和配置网络服务

学习目标

①能描述 OpenStack 网络服务的作用；
②能描述 OpenStack 网络服务的组件；
③学会访问、创建网络数据库等操作；
④学会安装、配置网络服务；
⑤学会验证和测试网络服务。

任务内容

本任务是创建网络数据库，并完成网络服务的安装、配置与测试等项目工作。

任务实施

一、认识 OpenStack 网络服务

网络部分是 OpenStack 的重点和难点，通过 Neutron 服务实现，难点主要是内部的桥接关系，在实例操作部分会有详细分析。OpenStack 的网络部分与 Compute 交互，为实例提供网络和连接。

OpenStack 网络（Neutron）管理虚拟网络基础设施（VNI）和物理网络基础设施（PNI）的访问层的所有网络方面的环境。OpenStack 网络使项目能够创建高级虚拟网络拓扑，其中可能包括防火墙、负载均衡器和虚拟专用网（VPN）等服务。

网络提供网络、子网和路由器作为对象抽象。每个抽象都具有模仿其物理设备对应的功能。网络包含子网、路由器、路由流量。

任何给定的网络设置至少有一个外部网络，与其他网络不同的是，外部网络不仅仅是一个定义好的网络，相反，它将视图表示为在 OpenStack 安装之外可访问的物理、外部网络。外部网络上的 IP 地址是任何人在外部网络上都可以访问的。

除了外部网络，任何建立的网络都有一个或多个内部网络。这些软件定义的网络直接连接到 VM。VM 通过子网的接口连接到路由器，用户就可以直接访问连接到该网络的 VM。

对于外部网络访问 VM，反之亦然，需要网络之间的路由器。每个路由器都有一个连接到外部网络的网关和一个或多个连接内部网络的接口，就像物理路由器一样，子网可以访问连接到同一路由器的其他子网上的机器，机器可以通过网关访问外部网络。

此外，还可以将外部网络上的 IP 地址分配给内部网络上的端口号，指定外部网络地址和端口到映射到内部网络的 VM，这样，外部网络上的实体就可以访问 VM。

网络还支持安全组。安全组使管理员能够在安全组中定义防火墙规则。VM 可以属于一个或多个安全组，并且网络将规则应用于 VM，阻止或取消阻止该 VM 的端口、端口范围或通信类型。

网络使用的每一个插件都有自己的概念。虽然对 VNI 和 OpenStack 环境的操作并不重要，但是了解这些概念可以帮助建立网络。所有网络使用一个核心插件和一个安全组插件。此外，还包含负载均衡服务（LBaaS）和防火墙即服务（FWaaS）插件。

OpenStack 网络（Neutron）允许创建网络，并允许由其他 OpenStack 服务管理的接口连接到网络，通过插件以适应不同的网络设备，提供了 OpenStack 体系结构和部署的灵活性。

OpenStack 网络包括以下组成部分：

neutron – server：接受 API 请求并将其路由到适当的 OpenStack 网络插件以进行操作。

OpenStack Networking plug – ins and agents：实现创建网络或子网，并提供 IP 地址。这些插件和代理根据特定云中使用的供应商和技术而有所不同。OpenStack 网络附带了用于 Cisco 虚拟和物理交换机、NEC OpenFlow 产品、Open vSwitch、Linux 桥接和 VMware NSX 产品的插件和代理。

公共代理提供 L3（3 层路由）、DHCP（动态主机配置协议）和插件代理。

Messaging queue（消息队列）：用于在 Neutron 服务器和各种代理之间路由信息，通过数据库来存储特定插件的网络状态。

网络选择可以是下列虚拟网络选项之一。

网络备选选项 1：提供者网络。提供者网络选项以最简单的方式部署 OpenStack 网络服务，主要是第二层（桥接/交换）服务和网络的 VLAN 分段。它将虚拟网络连接到物理网络上，并依赖物理网络基础设施进行第三层（路由）服务。通过 DHCP 服务将 IP 地址信息分配给实例。

该选项缺乏对自助服务（私有）网络、第三层（路由）服务和高级服务 [如负载均衡服务（LBaaS）和防火墙即服务（FWaaS）] 的支持。

网络备选选项 2：自助服务网络。自助服务网络选项使用第三层（路由）服务增强提供者网络选项，该服务使用 VxLAN 覆盖网络。本质上，它使用网络地址转换（NAT）将虚拟网络路由到物理网络。此外，此选项还为高级服务，如负载均衡服务（LBaaS）和防火墙即服务（FWaaS）提供支持。

这里使用自助服务网络，OpenStack 用户可以创建虚拟网络，而无须了解数据网络上的底层基础设施。

二、在控制结点上安装和配置网络服务

在配置 OpenStack 网络（Neutron）服务之前，必须创建数据库、服务凭据（证书）和 API 访问点，以下的操作命令在控制结点上实现。

1. 配置 OpenStack 网络（Neutron）数据库

（1）登录数据库

采用 mysql 命令连接数据库，命令如下：

root@ controller:/#mysql

Welcome to the MariaDB monitor.Commands end with ; or \g.

Your MariaDB connection id is 44

Server version: 10.0.31-MariaDB-0ubuntu0.16.04.2 Ubuntu 16.04

Copyright (c) 2000, 2017, Oracle, MariaDB Corporation Ab and others.

Type 'help;' or '\h' for help. Type '\c' to clear the current input statement.

（2）创建 OpenStack 网络（Neutron）数据库

采用 CREATE DATABASE neutron 命令创建数据库，命令如下：

MariaDB [(none)] > CREATE DATABASE neutron;

Query OK, 1 row affected (0.02 sec)

（3）授权访问 Neutron 数据库

采用命令实现授权，注意使用该命令时，将 NEUTRON_DBPASS 换成规划好的 Neutron 口令。

MariaDB [(none)] > GRANT ALL PRIVILEGES ON neutron.* TO 'neutron'@'localhost' IDENTIFIED BY 'NEUTRON_DBPASS';

MariaDB [(none)] > GRANT ALL PRIVILEGES ON neutron.* TO 'neutron'@'%' IDENTIFIED BY 'NEUTRON_DBPASS';

具体示例如下：

MariaDB [(none)] >GRANT ALL PRIVILEGES ON neutron.* TO 'neutron'@'localhost' IDENTIFIED BY 'adminroot';

Query OK, 0 rows affected (0.00 sec)

MariaDB [(none)] >GRANT ALL PRIVILEGES ON neutron.* TO 'neutron'@'%' IDENTIFIED BY 'adminroot';

Query OK, 0 rows affected (0.01 sec)

执行完毕后，退出数据库，至此，OpenStack 网络（Neutron）数据库配置完毕。

2. 创建 Neutron 服务凭证

如下命令的执行，需要管理员凭证等环境变量支持（运行 openrc），否则无法

执行,因此要先运行相关命令。

(1) 创建 Neutron 用户

创建 Neutron 用户,采用 openstack user create －－domain default －－password－prompt neutron 命令,具体如下:

```
root@ controller:/# openstack user create --domain default --password-prompt neutron
User Password:(此处输入密码)
Repeat User Password:(此处再次输入密码)
+---------------------+----------------------------------+
| Field               | Value                            |
+---------------------+----------------------------------+
| domain_id           | default                          |
| enabled             | True                             |
| id                  | 8fe605663430400da6fa525cf60b5c6f |
| name                | neutron                          |
| options             | {}                               |
| password_expires_at | None                             |
+---------------------+----------------------------------+
```

注意:该命令执行要输入密码,密码采用前面规划好的密码,然后输出执行结果。

(2) 向 Neutron 用户添加管理角色

采用 openstack role add －－project service －－user neutron admin 命令实现,具体如下:

```
root@ controller:/# openstack role add --project service --user neutron admin
```

注意:该命令执行没有输出结果。

(3) 创建 Neutron 服务实体

创建 Neutron 服务实体采用 openstack service create －－name neutron －－description "openstack Networking" network 命令,具体如下:

```
root@ controller:/# openstack service create --name neutron --description "OpenStack Networking" network
+-------------+----------------------------------+
| Field       | Value                            |
+-------------+----------------------------------+
| description | OpenStack Networking             |
| enabled     | True                             |
| id          | 191410230682482eba6d67a3b019730f |
| name        | neutron                          |
| type        | network                          |
+-------------+----------------------------------+
```

(4) 创建 Neutron 服务的 API 访问点

root@controller:/# openstack endpoint create --region RegionOne network public http://controller:9696

```
+--------------------+----------------------------------+
| Field              | Value                            |
+--------------------+----------------------------------+
| enabled            | True                             |
| id                 | 4b55df01b0c54718886543300aaa0ab5 |
| interface          | public                           |
| region             | RegionOne                        |
| region_id          | RegionOne                        |
| service_id         | 191410230682482eba6d67a3b019730f |
| service_name       | neutron                          |
| service_type       | network                          |
| url                | http://controller:9696           |
+--------------------+----------------------------------+
```

root@controller:/# openstack endpoint create --region RegionOne network internal http://controller:9696

```
+--------------------+----------------------------------+
| Field              | Value                            |
+--------------------+----------------------------------+
| enabled            | True                             |
| id                 | 8262318299064aca854c79e5501c0092 |
| interface          | internal                         |
| region             | RegionOne                        |
| region_id          | RegionOne                        |
| service_id         | 191410230682482eba6d67a3b019730f |
| service_name       | neutron                          |
| service_type       | network                          |
| url                | http://controller:9696           |
+--------------------+----------------------------------+
```

root@controller:/# openstack endpoint create --region RegionOne network admin http://controller:9696

```
+--------------------+----------------------------------+
| Field              | Value                            |
+--------------------+----------------------------------+
| enabled            | True                             |
| id                 | 666d08cac2214adbb369f427cb984317 |
| interface          | admin                            |
| region             | RegionOne                        |
```

```
| region_id        | RegionOne                              |
| service_id       | 191410230682482eba6d67a3b019730f       |
| service_name     | neutron                                |
| service_type     | network                                |
| url              | http://controller:9696                 |
+------------------+----------------------------------------+
```

3. 配置 Neutron 服务

本部分内容包括安装 Neutron 组件和配置 Neutron 服务的配置文件。Neutron 组件主要包含 Neutron 的二层和三层驱动、代理等组件，Neutron 服务的配置文件主要包括 Neutron 主配置文件，二层和三层驱动、代理、DHCP 等对应的配置文件。

（1）安装组件

在控制结点上安装网络组件，采用 apt install neutron‐server neutron‐plugin‐ml2 neutron‐l3‐agent neutron‐dhcp‐agent neutron‐metadata‐agent neutron‐openvswitch‐agent 命令实现。具体如下：

```
root@controller:/# apt install neutron-server neutron-plugin-
ml2 neutron-linuxbridge-agent neutron-l3-agent neutron-dhcp-
agent neutron-metadata-agent neutron-openvswitch-agent
```

根据网络速度可能需要一定的时间，耐心等候。

（2）配置 Neutron 服务的配置文件

Neutron 服务的主配置文件是/etc/neutron/neutron.conf，按照下面的步骤编辑该文件，主要包含数据库访问，二层和三层插件和认证信息。

①在［database］部分中，配置数据库访问。

注意：用自己规划的密码代替下面示例中的 NEUTRON_DBPASS，例如本示例中用 adminroot 密码。

```
[database]
# ...
connection = mysql + pymysql://neutron:NEUTRON_DBPASS@
controller/neutron
```

本示例用 adminroot 代替 NEUTRON_DBPASS。

注意：同时删除或者注释掉［database］部分中其他的 connection 选项。

②在［DEFAULT］部分中，启用二层（ML2）插件、路由器服务和覆盖 IP 地址。

```
[DEFAULT]
# ...
core_plugin = ml2
service_plugins = router
allow_overlapping_ips = true
```

③在［DEFAULT］部分中，配置消息队列。

注意：用自己规划的密码代替下面示例中的 RABBIT_PASS，例如本示例中用 adminroot 密码。

```
[DEFAULT]
```

# ...
transport_url=rabbit://openstack:RABBIT_PASS@controller

本示例用 adminroot 代替 RABBIT_PASS。

④在［DEFAULT］和［keystone_authtoken］部分中，配置标识服务访问。

注意：用自己规划的密码代替下面示例中的 NEUTRON_PASS，例如本示例中用 adminroot 密码。

```
[DEFAULT]
# ...
auth_strategy=keystone
[keystone_authtoken]
# ...
auth_uri=http://controller:5000
auth_url=http://controller:35357
memcached_servers=controller:11211
auth_type=password
project_domain_name=default
user_domain_name=default
project_name=service
username=neutron
password=NEUTRON_PASS
```

注意：同时删除或者注释掉［keystone_authtoken］部分中其他认证选项。

⑤在［DEFAULT］和［nova］部分中，将网络拓扑更改通知计算结点 Compute 服务。

注意：用自己规划的密码代替下面示例中的 NOVA_PASS，例如本示例中用 adminroot 密码。

```
[DEFAULT]
# ...
notify_nova_on_port_status_changes=true
notify_nova_on_port_data_changes=true
[nova]
# ...
auth_url=http://controller:35357
auth_type=password
project_domain_name=default
user_domain_name=default
region_name=RegionOne
project_name=service
username=nova
password=NOVA_PASS
```

⑥在［oslo_concurrency］部分，配置锁定路径。

```
[oslo_concurrency]
```

```
# ...
lock_path = /var/lib/neutron/tmp
```

（3）配置 Neutron 服务二层插件

ML2 插件使用 Linux 桥机制为实例构建第 2 层（桥接和交换）虚拟网络基础设施，编辑 /etc/neutron/plugins/ml2/ml2_conf.ini 文件，实现该功能。

①在［ml2］部分中，启用平面、VLAN 和 VxLAN 网络。

```
[ml2]
# ...
type_drivers = flat, vlan, vxlan
```

②在［ml2］部分中，启用 VxLAN 自助服务网络。

```
[ml2]
# ...
tenant_network_types = vxlan
```

③在［ml2］部分中，允许 Open vSwitch 驱动和二层协调机制。

```
[ml2]
# ...
mechanism_drivers = openvswitch, l2population
```

说明：Linux Bridge 是 Linux 本身携带的二层桥接驱动，只支持 VxLAN，不支持其他覆盖网络，如果想支持其他覆盖网络，换成 Open vSwitch 驱动。本示例采用 Open vSwitch 驱动；l2population 起到 Porxy ARP 作用。

④在［ml2］部分中，启用端口安全扩展驱动程序。

```
[ml2]
# ...
extension_drivers = port_security
```

⑤在［ml2_type_flat］部分中，将提供者虚拟网络配置为 Flat 网络。

```
[ml2_type_flat]
# ...
flat_networks = provider
```

⑥在［ml2_type_vxlan］部分中，配置用于自助网络的 VxLAN 网络标识符范围。

```
[ml2_type_vxlan]
# ...
vni_ranges = 1:1000
```

⑦在［securitygroup］部分中，启用 ipset 以提高安全组规则的效率。

```
[securitygroup]
# ...
enable_ipset = true
```

（4）配置 OVS 桥代理

Linux 桥代理为实例构建第 2 层（桥接和交换）虚拟网络基础设施，并处理安全组。通过编辑 /etc/neutron/plugins/ml2/openvswitch_agent.ini 文件实现该功能。

①创建 ovs provider 网桥和添加网桥上接口。
```
$ ovs-vsctl add-br provider
$ ovs-vsctl add-port br-provider ens33
```
②在 [ovs] 部分中，将提供者虚拟网络映射到提供者物理网络接口。

注意：将 PROVIDER_INTERFACE_NAME 替换为基础提供者物理网络接口的名称，例如本示例中用"ens33"。

```
[ovs]
physical_interface_mappings = provider:ens33
```

③在 [vxlan] 部分中，启用 VxLAN 覆盖网络，配置处理覆盖网络的物理网络接口的 IP 地址，并启用第二层协调功能。

注意：用处理覆盖网络的底层物理网络接口的 IP 地址替换 OVERLAY_INTERFACE_IP_ADDRESS。本示例用控制器结点的管理 IP 地址替换 OVERLAY_INTERFACE_IP_ADDRESS。

```
[vxlan]
enable_vxlan = true
local_ip = 10.16.199.211
l2_population = true
```

④安全设置。在 [securitygroup] 部分中，启用安全组并配置 OVS iptables 防火墙驱动程序。

```
[securitygroup]
# ...
enable_security_group = true
firewall_driver = iptables_hybrid
```

(5) 配置 L3 三层代理

第 3 层（L3）代理为自助服务虚拟网络提供路由和 NAT 服务，通过编辑 /etc/neutron/l3_agent.ini 文件并完成以下操作。

在 [DEFAULT] 部分中，配置 Linux 桥接口驱动程序和外部网络桥。

```
[DEFAULT]
# ...
interface_driver = openvswitch
```

(6) 配置 DHCP 代理

DHCP 代理为虚拟网络提供 DHCP 服务，通过编辑 /etc/neutron/dhcp_agent.ini 文件并完成以下操作。

在 [DEFAULT] 部分中，配置 Linux 桥接口驱动程序，DNSmasq DHCP 驱动，并启用隔离元数据，以便提供者网络上的示例可以通过网络访问元数据

```
[DEFAULT]
# ...
interface_driver = openvswitch
dhcp_driver = neutron.agent.linux.dhcp.Dnsmasq
enable_isolated_metadata = true
```

（7）配置元数据代理

元数据代理向实例提供诸如凭据之类的配置信息，通过编辑/etc/neutron/metadata_agent.ini 文件并完成以下操作。

在［DEFAULT］部分中，配置元数据主机和共享秘密。

注意：用自己规划的密码代替下面示例中的 METADATA_SECRET，例如本示例中用 adminroot 密码。

```
[DEFAULT]
# ...
nova_metadata_host = controller
metadata_proxy_shared_secret = METADATA_SECRET
```

（8）配置计算服务以使用网络服务

配置计算服务以使用网络服务，通过编辑/etc/nova/nova.conf 文件并执行以下操作。

在［neutron］部分中，配置访问参数，启用元数据代理，并配置机密信息。

注意：用自己规划的密码替换 Neutron 用户的 NEUTRON_PASS 密码；用自己规划的密码替换 metadata proxy 的 METADATA_SECRET 密码。

```
[neutron]
# ...
url = http://controller:9696
auth_url = http://controller:35357
auth_type = password
project_domain_name = default
user_domain_name = default
region_name = RegionOne
project_name = service
username = neutron
password = NEUTRON_PASS
service_metadata_proxy = true
metadata_proxy_shared_secret = METADATA_SECRET
```

4. **完成安装并重新启动服务**

（1）填充数据库

该步骤将根据 Neutron 配置文件信息完成数据库数据的生成。

```
# su -s /bin/sh -c "neutron-db-manage --config-file /etc/neutron/neutron.conf --config-file /etc/neutron/plugins/ml2/ml2_conf.ini upgrade head" neutron
```

（2）重启 Compute API 服务

```
# service nova-api restart
```

（3）重启网络服务

```
# service neutron-server restart
# service neutron-linuxbridge-agent restart
# service neutron-openvswitch-agent restart
```

```
# service neutron-dhcp-agent restart
# service neutron-metadata-agent restart
# service neutron-l3-agent restart
```

三、在计算结点上安装和配置网络服务

1. 安装组件

```
# apt install neutron-openvswitch-agent
```

2. 配置公共组件

网络公共组件配置包括身份验证机制、消息队列和插件等。通过编辑/etc/neutron/neutron.conf 完成如下操作。

（1）注释掉［database］选项的内容

注释掉［database］选项的内容，因为计算结点不直接访问数据库。

（2）配置消息队列访问

在［DEFAULT］部分中，配置 RabbitMQ 消息队列访问。

注意：用自己规划的密码代替下面示例中的 RABBIT_PASS，例如本示例中用 adminroot 密码。

```
[DEFAULT]
# ...
transport_url=rabbit://openstack:RABBIT_PASS@controller
```

（3）配置访问凭证

在［DEFAULT］和［keystone_authtoken］部分中，配置标识服务访问，并且注释掉或者删除［keystone_authtoken］中对应部分的其他任何配置。

注意：用自己规划的密码代替下面示例中的 NEUTRON_PASS，例如本示例中用 adminroot 密码。

```
[DEFAULT]
# ...
auth_strategy=keystone
[keystone_authtoken]
# ...
auth_uri=http://controller:5000
auth_url=http://controller:35357
memcached_servers=controller:11211
auth_type=password
project_domain_name=default
user_domain_name=default
project_name=service
username=neutron
password=NEUTRON_PASS
```

3. 配置网络选项

这里的配置要和控制器结点的网络配置一致，选择自服务网络。

Open vSwitch 代理为实例构建第 2 层（桥接和交换）虚拟网络基础设施，并处理安全组。通过编辑/etc/neutron/plugins/ml2/openvswitch_agent.ini 文件并完成以下操作。

①配置端口映射。在［ovs］部分中，将提供者虚拟网络映射到提供者物理网络接口。

注意：将 PROVIDER_INTERFACE_NAME 替换为基础提供者物理网络接口的名称，本示例中用 ens33 端口。

［ovs］
Local-ip=10.16.199.212
physical_interface_mappings=provider：PROVIDER_INTERFACE_NAME

②配置 VxLAN。在［VxLAN］部分中，启用 VxLAN 覆盖网络，配置处理覆盖网络的物理网络接口的 IP 地址，并启用第二层协调功能。

注意：用处理覆盖网络的底层物理网络接口的 IP 地址替换 OVERLAY_INTERFACE_IP_ADDRESS。本示例用计算结点的管理 IP 地址替换 OVERLAY_INTERFACE_IP_ADDRESS。

［vxlan］
enable_vxlan=true
local_ip=OVERLAY_INTERFACE_IP_ADDRESS（本例中用计算结点地址 10.16.199.212）
l2_population=true

③安全设置。在［securitygroup］部分中，启用安全组并配置 LinuxBridge iptables 防火墙驱动程序。

［securitygroup］
# ...
enable_security_group=true
firewall_driver=iptables_hybrid

4. 配置计算服务以使用网络服务

配置计算服务以使用网络服务，通过编辑/etc/nova/nova.conf 文件并执行以下操作。

在［neutron］部分中，配置访问参数及机密信息。

注意：用自己规划的密码替换 Neutron 用户的 NEUTRON_PASS 密码。

［neutron］
# ...
url=http://controller：9696
auth_url=http://controller：35357
auth_type=password
project_domain_name=default
user_domain_name=default
region_name=RegionOne
project_name=service

```
username = neutron
password = NEUTRON_PASS
```

5. 结束配置启动服务

(1) 重启计算服务

```
# service nova-compute restart
```

(2) 重启 Linux openvswitch-agent

```
# service neutron-openvswitch-agent restart
```

四、校验操作

1. 获取管理凭据以获得 CLI 命令的管理访问

```
$ .admin_openrc
```

2. 列出加载的网络（Neutron）服务

列出加载的扩展，以验证 Neutron 服务进程的成功启动，执行如下命令：

```
root@ controller:/# openstack extension list --network
```

说明：该命令显示内容如表 3-5-1 所示，实际显示界面是字符界面，编者根据字符界面将其进行了表格化处理，使其更清楚一些。

表 3-5-1 列出加载的扩展

名称	别名	描述
Default Subnetpools	default-subnetpools	Provides ability to mark and use a subnetpool as the default
Network IP Availability	network-ip-availability	Provides IP availability data for each network and subnet
Network Availability Zone	network_availability_zone	Availability zone support for network
Auto Allocated Topology Services	auto-allocated-topology	Auto Allocated Topology Services
Neutron L3 Configurable external gateway mode	ext-gw-mode	Extension of the router abstraction for specifying whether SNAT should occur on the external gateway
Port Binding	binding	Expose port bindings of a virtual port to external application
agent	agent	The agent management extension
Subnet Allocation	subnet_allocation	Enables allocation of subnets from a subnet pool
L3 Agent Scheduler	l3_agent_scheduler	Schedule routers among L3 agents
Tag support	tag	Enables to set tag on resources
Neutron external network	external-net	Adds external network attribute to network resource
Tag support for resources with standard attribute: trunk, policy, security_group, floatingip	standard-attr-tag	Enables to set tag on resources with standard attribute

续表

名称	别名	描述
Neutron Service Flavors	flavors	Flavor specification for Neutron advanced services
Network MTU	net-mtu	Provides MTU attribute for a network resource
Availability Zone	availability_zone	The availability zone extension
Quota management support	quotas	Expose functions for quotas management per tenant
If-Match constraints based on revision_number	revision-if-match	Extension indicating that If-Match based on revision_number is supported
HA Router extension	l3-ha	Add HA capability to routers
Multi Provider Network	multi-provider	Expose mapping of virtual networks to multiple physical networks
Quota details management support	quota_details	Expose functions for quotas usage statistics per project
Address scope	address-scope	Address scopes extension.
Neutron Extra Route	extraroute	Extra routes configuration for L3 router
Network MTU (writable)	net-mtu-writable	Provides a writable MTU attribute for a network resource
Subnet service types	subnet-service-types	Provides ability to set the subnet service_types field
Resource timestamps	standard-attr-timestamp	Adds created_at and updated_at fields to all Neutron resources that have Neutron standard attributes
Neutron Service Type Management	service-type	API for retrieving service providers for Neutron advanced services
Router Flavor Extension	l3-flavors	Flavor support for routers
Port Security	port-security	Provides port security
Neutron Extra DHCP options	extra_dhcp_opt	Extra options configuration for DHCP. For example PXE boot options to DHCP clients can be specified (e.g. tftp-server, server-ip-address, bootfile-name)
Resource revision numbers	standard-attr-revisions	This extension will display the revision number of neutron resources
Pagination support	pagination	Extension that indicates that pagination is enabled
Sorting support	sorting	Extension that indicates that sorting is enabled
security-group	security-group	The security groups extension

续表

名称	别名	描述
DHCP Agent Scheduler	dhcp_agent_scheduler	Schedule networks among dhcp agents
Router Availability Zone	router_availability_zone	Availability zone support for router
RBAC Policies	rbac-policies	Allows creation and modification of policies that control tenant access to resources
Tag support for resources: subnet, subnetpool, port, router	tag-ext	Extends tag support to more L2 and L3 resources
standard-attr-description	standard-attr-description	Extension to add descriptions to standard attributes
Neutron L3 Router	router	Router abstraction for basic L3 forwarding between L2 Neutron networks and access to external networks via a NAT gateway
Allowed Address Pairs	allowed-address-pairs	Provides allowed address pairs
project_id field enabled	project-id	Extension that indicates that project_id field is enabled
Distributed Virtual Router	dvr	Enables configuration of Distributed Virtual Routers

3. 列出核查部署成功的 Neutron 代理

root@ controller:/openrc# openstack network agent list

说明：该命令显示内容如表 3-5-2 所示，实际显示界面是字符界面，编者根据字符界面将其进行了表格化处理，使其更清楚一些，如表 3-5-2 所示。

表 3-5-2 列出代理从而确认 Neutron 代理的成功启动

ID	类型	主机	可用区域	活动	状态	代理程序
0d6fd215-c457-47f8-8788-8aaa0d76e16e	Linux bridge agent	controller	None	true	UP	neutron-linuxbridge-agent
124757f7-9637-4ece-ae66-ec3b196abc3d	Metadata agent	controller	None	true	UP	neutron-metadata-agent
653234f8-31bc-447a-a550-5743521846eb	Linux bridge agent	computer	None	true	UP	neutron-linuxbridge-agent
e48141cd-95de-4ca9-9879-0cd6215ed169	DHCP agent	controller	nova	true	UP	neutron-dhcp-agent
f2f5c001-9c78-49b2-9f40-a81d0fc9e020	L3 agent	controller	nova	true	UP	neutron-l3-agent

从输出的结果中可以看出，控制器结点上有 4 个代理，计算结点上有 1 个代理。

至此，Neutron 服务成功安装完成，所安装在控制结点和计算结点的服务和代理正常运行。实际上现在已经可以创建云主机实例，并且创建网络将云主机连接在一起实现计算和网络服务。

巩固与思考

①Neutron 服务凭证与计算服务凭证功能一样吗？请描述它们各自的作用。

②网络服务验证不通过，可能是哪些原因造成的？请列举至少 3 个，并给出解决办法。

任务六　安装和配置块存储（Cinder）服务

学习目标

①能描述 OpenStack 块存储服务的作用；
②能描述 OpenStack 块存储服务的组件有哪些；
③学会安装块存储服务操作；
④会配置和验证块存储服务；
⑤分享工作经验，提升职业素养。

任务内容

本任务是在 OpenStack 云平台上完成块存储服务的安装、配置与测试等工作。

任务实施

一、块存储（Cinder）服务的概念

块存储（Cinder）服务为虚拟机实例提供块存储设备，相当于实例的数据盘，存放用户的数据，为虚拟机提供弹性的存储服务。一个 volume 可以同时挂到多个实例上，作为虚拟机实例的本地磁盘来使用，共享的卷同时只能被一个实例进行写操作。

存储分配和消耗的方法由块存储驱动程序决定。在多后端配置的情况下，有各种各样的驱动程序可用：NAS/SAN、NFS、iSCSI、Ceph 等。

OpenStack 块存储服务由三个组件组成 Cinder API、Cinder Scheduler、Volume Node。

①Cinder API：主要功能是向外部服务提供 RESTful API。除此之外，其他结点都是通过 RabbitMQ 进行通信的。当有用户或者 nova compute 提出创建卷的服务的请求时，首先由 Cinder API 接受请求，然后以消息队列 RabbitMQ 的方式发送给 Cinder Scheduler 进行调用。

②Cinder Scheduler：即调度服务，将客户端的各种请求转发到对应的 volume service 结点。Cinder Scheduler 侦听到来自 Cinder API 的消息队列后，到数据库中去

查询当前存储结点的状态信息，并根据预定策略，选择卷的最佳 volume service 结点，然后将调度的结果发布出来，给 volume service 来调用。

③volume service：提供了真正的块存储服务，就相当于提供给虚拟机的移动硬盘所占用的空间是位于 Volume Node。volume service 收到来自 volume schedule 的调度结果后回去查找 volume provider，在特定的存储结点上创建相关的卷，然后将相关的结果返回给用户，同时将修改的数据写入数据库中。

块存储 API 和调度器服务通常在控制器结点上运行。根据使用的驱动程序，卷服务可以在控制器结点、计算结点或独立存储结点上。

二、安装块存储服务

下面介绍如何安装和配置块存储服务的存储结点。根据本示例的规划，此配置引用的存储结点在控制结点上实现（生产环境中可以单独采用一个结点提高性能）和一个空的本地块存储设备，使用/dev/sdb。

服务使用 LVM 驱动程序在此设备上提供逻辑卷，并通过 iSCSI 传输将它们提供给实例使用。

1. 准备工作

（1）添加一块硬盘

在存储结点上注意检查并添加一块硬盘。按照规划，本示例在控制结点上实现，即在控制结点上添加一块硬盘，使用/dev/sdb。

采用 fdisk 命令查看存储结点（本示例在控制结点上）的硬盘信息。

```
root@controller:/# fdisk -l
Disk/dev/sda: 100 GiB, 107374182400 bytes, 209715200 sectors
Units: sectors of 1 * 512 = 512 bytes
Sector size (logical/physical): 512 bytes/512 bytes
I/O size (minimum/optimal): 512 bytes/512 bytes
Disklabel type: dos
Disk identifier: 0xcaed83e4
...
Disk/dev/sdb: 80 GiB, 85899345920 bytes, 167772160 sectors
Units: sectors of 1 * 512 = 512 bytes
Sector size (logical/physical): 512 bytes/512 bytes
I/O size (minimum/optimal): 512 bytes/512 bytes
```

（2）安装支持程序

```
root@controller:/# apt install lvm2 thin-provisioning-tools
```

（3）创建 LVM 物理卷/dev/sdb，采用 pvcreate/dev/sdb 命令实现

```
root@controller:/# pvcreate /dev/sdb
  Physical volume "/dev/sdb" successfully created
```

（4）创建 LVM 卷组，采用 vgcreate cinder-volumes/dev/sdb 命令实现

```
root@controller:/# vgcreate cinder-volumes /dev/sdb
  Volume group "cinder-volumes" successfully created
```

2. 编辑/etc/lvm/lvm.conf 配置文件

除了底层操作系统管理卷外，只有实例才能访问块存储卷，如果项目在卷上使用 lvm，LVM 卷扫描工具扫描/dev 目录下的设备，检测到这些卷并尝试缓存它们，因此需要配置/etc/lvm/lvm.conf 文件。

在 devices 部分中，添加接受/dev/sdb 设备并拒绝所有其他设备的筛选器：

devices {

…

filter = ["a/sda/", "a/sdb/", "r/.*/"]

注意：过滤器阵列中的每个项目都以 a（accep，接受）或 r（reject，拒绝）开头，并包括设备名称的正则表达式。这个阵列必须以 r/.*结尾，以拒绝任何剩余的设备。可以使用 vgs – vvvv 命令来测试过滤器。

如果存储结点在操作系统磁盘上使用 LVM，则还必须将关联设备添加到筛选器中。例如，如果/dev/sda 设备包含操作系统，应设置：filter = ["a/sda/", "a/sdb/", "r/.*/"]，类似地，如果计算结点在操作系统磁盘上使用 LVM，则还必须修改这些结点上的/etc/lvm/lvm.conf 文件中的筛选器，使其仅包含操作系统磁盘。例如，如果/dev/sda 设备包含操作系统，应设置：filter = ["a/sda/", "r/.*/"]。

3. 创建数据库、服务凭据和 API 端点

（1）登录数据库

采用 mysql – u root – p 命令连接数据库，命令如下：

root@ controller:/#mysql

Welcome to the MariaDB monitor.Commands end with ; or \g.

Your MariaDB connection id is 44

Server version: 10.0.31 – MariaDB – 0ubuntu0.16.04.2 Ubuntu 16.04

Copyright (c) 2000, 2017, Oracle, MariaDB Corporation Ab and others.

Type 'help;' or '\h' for help. Type '\c' to clear the current input statement.

（2）创建 OpenStack 块存储（Cinder）数据库

采用 CREATE DATABASE cinder 命令创建数据库，命令如下：

MariaDB [(none)] > CREATE DATABASE cinder;

Query OK, 1 row affected (0.02 sec)

（3）授权访问 Cinder 数据库

采用下述命令实现授权：

MariaDB [(none)] > GRANT ALL PRIVILEGES ON cinder.* TO 'cinder'@'localhost' IDENTIFIED BY 'CINDER_DBPASS';

MariaDB [(none)] > GRANT ALL PRIVILEGES ON cinder.* TO 'cinder'@'%' IDENTIFIED BY 'CINDER_DBPASS';

注意：使用该命令时，将 CINDER_DBPASS 换成规划好的 Cinder 口令，例如本示例中的密码是 adminroot。

执行完毕后，退出数据库，至此，OpenStack 块存储（Cinder）数据库配置完毕。

4. 创建 Cinder 服务凭证

如下命令的执行，需要管理员凭证等环境变量支持，否则无法执行，因此要先运行相关命令（如执行脚本 root@ controller:/openrc#. admin-openrc）。

(1) 创建 Cinder 用户

创建 Cinder 用户，采用 OpenStack user create --domain default --password-prompt cinder 命令，具体如下：

root@ controller:/openrc# openstack user create --domain default --password-prompt cinder
User Password:
Repeat User Password:

```
+---------------------+----------------------------------+
| Field               | Value                            |
+---------------------+----------------------------------+
| domain_id           | default                          |
| enabled             | True                             |
| id                  | 8f3e8723335f497e86d0670017d745f7 |
| name                | cinder                           |
| options             | {}                               |
| password_expires_at | None                             |
+---------------------+----------------------------------+
```

(2) 将管理角色添加到 Cinder 用户，该命令无显示

root@ controller:/openrc# openstack role add --project service --user cinder admin

(3) 创建 cinderv2 和 cinderv3 服务实体

注意：这里分别创建2条命令，即 cinderv2 和 cinderv3 服务实体。具体如下：

root@ controller:/# openstack service create --name cinderv2 --description "OpenStack Block Storage" volumev2

```
+-------------+----------------------------------+
| Field       | Value                            |
+-------------+----------------------------------+
| description | OpenStack Block Storage          |
| enabled     | True                             |
| id          | 71c83cb3c498414691492500f535f627 |
| name        | cinderv2                         |
| type        | volumev2                         |
+-------------+----------------------------------+
```

root@ controller:/# openstack service create --name cinderv3 --description "OpenStack Block Storage" volumev3

```
+--------------------+------------------------------------+
| Field              | Value                              |
+--------------------+------------------------------------+
| description        | OpenStack Block Storage            |
| enabled            | True                               |
| id                 | 6cb4dd412f3d41718aec72aef46ddd41   |
| name               | cinderv3                           |
| type               | volumev3                           |
+--------------------+------------------------------------+
```

(4) 创建块存储服务 API 访问点

注意：这里分别创建 public，admin，internal 的 cinderv 2 和 cinderv 3 服务 API 访问点。具体如下：

①cinderv 2 的 public 命令：

root@ controller:/# openstack endpoint create --region RegionOne volumev2 public http://controller:8776/v2/%\(project_id\)s

```
+---------------+------------------------------------------+
| Field         | Value                                    |
+---------------+------------------------------------------+
| enabled       | True                                     |
| id            | 9433b3fafbf94e929d0f5faf1911800c         |
| interface     | public                                   |
| region        | RegionOne                                |
| region_id     | RegionOne                                |
| service_id    | 71c83cb3c498414691492500f535f627         |
| service_name  | cinderv2                                 |
| service_type  | volumev2                                 |
| url           | http://controller:8776/v2/%(project_id)s |
+---------------+------------------------------------------+
```

②cinderv 2 的 internal 命令：

root@ controller:/# openstack endpoint create --region RegionOne volumev2 internal http://controller:8776/v2/%\(project_id\)s

```
+---------------+------------------------------------------+
| Field         | Value                                    |
+---------------+------------------------------------------+
| enabled       | True                                     |
| id            | 84c2ad573a934773bbb6112fcf635208         |
| interface     | internal                                 |
| region        | RegionOne                                |
| region_id     | RegionOne                                |
| service_id    | 71c83cb3c498414691492500f535f627         |
```

```
| service_name  | cinderv2                                      |
| service_type  | volumev2                                      |
| url           | http://controller:8776/v2/%(project_id)s     |
+---------------+-----------------------------------------------+
```

③cinderv 2 的 admin 命令：

root@ controller:/# openstack endpoint create --region RegionOne volumev2 admin http://controller:8776/v2/%\(project_id\)s

```
+---------------+-----------------------------------------------+
| Field         | Value                                         |
+---------------+-----------------------------------------------+
| enabled       | True                                          |
| id            | e5c5d3112f2849e69d9e08255d4b88f8              |
| interface     | admin                                         |
| region        | RegionOne                                     |
| region_id     | RegionOne                                     |
| service_id    | 71c83cb3c498414691492500f535f627              |
| service_name  | cinderv2                                      |
| service_type  | volumev2                                      |
| url           | http://controller:8776/v2/%(project_id)s     |
+---------------+-----------------------------------------------+
```

④cinderv 3 的 public 命令：

root@ controller:/# openstack endpoint create --region RegionOne volumev3 public http://controller:8776/v3/%\(project_id\)s

```
+---------------+-----------------------------------------------+
| Field         | Value                                         |
+---------------+-----------------------------------------------+
| enabled       | True                                          |
| id            | 52c9c107c03e4a6ea8a899ad10f396e7              |
| interface     | public                                        |
| region        | RegionOne                                     |
| region_id     | RegionOne                                     |
| service_id    | 6cb4dd412f3d41718aec72aef46ddd41              |
| service_name  | cinderv3                                      |
| service_type  | volumev3                                      |
| url           | http://controller:8776/v3/%(project_id)s     |
+---------------+-----------------------------------------------+
```

⑤cinderv 3 的 internal 命令：

root@ controller:/# openstack endpoint create --region RegionOne volumev3 internal http://controller:8776/v3/%\(project_id\)s

```
+---------------+------------------------------------------+
| Field         | Value                                    |
+---------------+------------------------------------------+
| enabled       | True                                     |
| id            | 28a26ab1c40e4e7492f88b576d0e5b80         |
| interface     | internal                                 |
| region        | RegionOne                                |
| region_id     | RegionOne                                |
| service_id    | 6cb4dd412f3d41718aec72aef46ddd41         |
| service_name  | cinderv3                                 |
| service_type  | volumev3                                 |
| url           | http://controller:8776/v3/%(project_id)s |
+---------------+------------------------------------------+
```

⑥cinderv 3 的 admin 命令：
root@ controller:/# openstack endpoint create --region RegionOne volumev3 admin http://controller:8776/v3/%\(project_id\)s

```
+---------------+------------------------------------------+
| Field         | Value                                    |
+---------------+------------------------------------------+
| enabled       | True                                     |
| id            | a1460f7c1dad4a6091702d9bae04ee2f         |
| interface     | admin                                    |
| region        | RegionOne                                |
| region_id     | RegionOne                                |
| service_id    | 6cb4dd412f3d41718aec72aef46ddd41         |
| service_name  | cinderv3                                 |
| service_type  | volumev3                                 |
| url           | http://controller:8776/v3/%(project_id)s |
+---------------+------------------------------------------+
```

5. 安装和配置组件

（1）安装程序包
apt install cinder-volume
apt install cinder-api cinder-scheduler

（2）编辑/etc/cinder/cinder.conf 文件

①在 [database] 部分中，配置数据库访问，注意根据规划的密码更换掉下面的 CINDER_DBPASS 密码，本示例中用 adminroot。
[database]
　　 # ...
　　 connection = mysql+pymysql://cinder:CINDER_DBPASS@controller/cinder

②在［DEFAULT］部分中，配置 RabbitMQ 消息队列访问，注意根据规划的密码更换掉下面的 RABBIT_PASS 密码，并且注释掉或者删除对应选项。

```
[DEFAULT]
# ...
transport_url = rabbit://openstack:RABBIT_PASS@controller
```

③在［DEFAULT］和［keystone_authtoken］部分中，配置标识服务访问，注意根据规划的密码更换掉下面的 CINDER_PASS 密码，并且注释掉该节中［keystone_authtoken］其他相同的选项。

```
[DEFAULT]
# ...
auth_strategy = keystone

[keystone_authtoken]
# ...
auth_uri = http://controller:5000
auth_url = http://controller:35357
memcached_servers = controller:11211
auth_type = password
project_domain_name = default
user_domain_name = default
project_name = service
username = cinder
password = CINDER_PASS
```

④在［DEFAULT］部分中，配置 my_ip 选项，注意用规划的控制结点的管理 IP 地址替换掉 MANAGEMENT_INTERFACE_IP_ADDRESS，例如本示例中用 10.16.199.201 地址。

```
[DEFAULT]
# ...
my_ip = MANAGEMENT_INTERFACE_IP_ADDRESS
```

⑤在［lvm］部分中，使用 lvm 驱动程序，配置 cinder-volumes 卷组、iSCSI 协议和 iSCSI 服务。

```
[lvm]
# ...
volume_driver = cinder.volume.drivers.lvm.LVMVolumeDriver
volume_group = cinder-volumes
iscsi_protocol = iscsi
iscsi_helper = tgtadm
```

⑥在［DEFAULT］部分中，启用 LVM 后端。

```
[DEFAULT]
# ...
enabled_backends = lvm
```

Cinder 是支持配置多个后端的，各个后端可以配置成 SATA 磁盘组成的容量存储池。SAS/SSD 磁盘组成的性能存储池，也可以使用传统存储阵列 SAN 组成一个存储池，还可以用开源 SDS 存储，如 ceph、glusterfs 等作为后端存储。Cinder 的多后端能力，为构建完整的存储解决方法提供了可行的途径，配置多后端之后，OpenStack 会为每个后端启动一个 cinder-volume 服务。

每个后端在配置文件中用一个配置组来表示，每个后端都有一个名字（如 volume_backend_name = sas），当然后端名字并不需要保证唯一。在这种情况下，调度器使用容量过滤器来选择最合适的后端；也可以创建一个卷类型与后端名字关联，创建卷时调度器将根据用户指定的卷类型选择一个合适的后端来处理请求。

⑦在 [Default] 部分中，配置 Image 服务 API 的端口。
[DEFAULT]
　　# ...
　　glance_api_servers = http://controller：9292

⑧在 [oslo_concurrency] 部分中，配置锁定路径。
[oslo_concurrency]
　　# ...
　　lock_path = /var/lib/cinder/tmp

（3）将计算配置为使用块存储
编辑/etc/nova/nova.conf 文件并添加以下内容：
[cinder]
os_region_name = RegionOne

6. 完成安装并启动服务

（1）更新同步块存储数据库
su -s /bin/sh -c "cinder-manage db sync" cinder
（2）重启块存储（Cinder）及相关服务
service nova-api restart
service tgt restart
service cinder-volume restart
service cinder-scheduler restart
service apache2 restart

三、校验操作

1. 获得 admin 凭证
获取只有管理员才能执行的命令的访问权限。
$. admin-openrc

2. 列出服务组件，以验证是否成功启动并注册了每个进程（见图3-6-1）

```
root@ controller: /openrc# openstack volume service list
+------------------+------------+------+---------+-------+----------------------------+
| Binary           | Host       | Zone | Status  | State | Updated At                 |
+------------------+------------+------+---------+-------+----------------------------+
| cinder-scheduler | controller | nova | enabled | up    | 2017-09-27T05:51:09.000000 |
| cinder-volume    | controller | nova | enabled | up    | 2017-09-27T05:51:08.000000 |
+------------------+------------+------+---------+-------+----------------------------+
```

图3-6-1 列出服务组件

巩固与思考

①描述块存储服务的组件包括哪些？它们分别可以完成哪些功能？
②块存储与单机存储有什么不同？块存储对存储领域产生什么样的影响？

任务七 安装和配置 Horizon 服务

学习目标

①能描述 OpenStack Horizon 服务的作用；
②会安装与配置 Horizon 服务等操作；
③会验证和测试 Horizon 服务；
④分享工作经验，提升职业素养。

任务内容

本任务是在 OpenStack 云平台上安装和配置 Horizon 服务，并完成 Horizon 服务的测试等工作。

任务实施

一、安装和配置 Horizon 概述

Dashboard 所需的唯一核心服务是标识服务。可以将 Dashboard 与其他服务（如镜像服务、计算和网络）结合使用。也可以在具有独立服务（如对象存储）的环境中安装 Dashboard 服务。

二、安装和配置组件

1. 安装程序包

apt install openstack-dashboard

2. 配置/etc/openstack-dashboard/local_settings.py 文件

（1）将仪表板配置为在控制器结点上使用 OpenStack 服务

搜索 OPENSTACK_HOST = "127.0.0.1"，将 127.0.0.1 改为 controller，或者改

为控制结点的 IP 地址。

```
OPENSTACK_HOST = "controller"
```

（2）配置允许所有的主机访问 Dashboard

```
ALLOWED_HOSTS = ['*']
```

注意：慎重在 Ubuntu 配置部分下编辑 ALLOWED_HOSTS 参数。本示例允许的主机是['*']，表示接受所有主机，这可能对开发工作有用，但可能不安全，不应用于生产环境，可以配置允许的主机，例如['one.example.com''two.example.com']等配置方式。

（3）配置 memcached 会话存储服务

注意：要注释掉其他该选项配置信息。

```
SESSION_ENGINE = 'django.contrib.sessions.backends.cache'
CACHES = {
    'default': {
        'BACKEND': 'django.core.cache.backends.memcached.
        MemcachedCache', 'LOCATION': 'controller:11211',
    }
}
```

（4）允许标识 API version 3

```
OPENSTACK_KEYSTONE_URL = "http://%s:5000/v3"%OPENSTACK_HOST
```

（5）启动对域的支持

```
OPENSTACK_KEYSTONE_MULTIDOMAIN_SUPPORT = True
```

（6）配置 API 版本

```
OPENSTACK_API_VERSIONS = {
    "identity":3,
    "image":2,
    "volume":2,
}
```

（7）将默认配置为通过仪表板创建的用户的默认域（default）

```
OPENSTACK_KEYSTONE_DEFAULT_DOMAIN = "Default"
```

（8）将用户配置为通过仪表板创建的用户的默认角色

```
OPENSTACK_KEYSTONE_DEFAULT_ROLE = "user"
```

（9）配置时区

注意：该选项可选，配置时区。

```
TIME_ZONE = "UTC"
```

（10）配置网络参数

该网络设置可用于启用 Neutron 提供的可选服务，目前可用的选项是负载均衡器服务、安全组、配额、VPN 服务。

```
OPENSTACK_NEUTRON_NETWORK = {
'enable_router': True,
```

```
'enable_quotas': True,
'enable_ipv6': True,
'enable_distributed_router': False,
'enable_ha_router': False,
'enable_fip_topology_check': True,
'enable_lb': False,
'enable_firewall': False,
'enable_vpn': False,
...
}
```

（11）在/etc/apache2/conf-available/openstack-dashboard.conf 中添加一行 WSGIApplicationGroup %{GLOBAL}

3. 启动服务

```
# service apache2 reload
```

三、校验操作

用浏览器输入控制主机的 IP 地址或者主机名即可。这里输入 10.16.199.211/horizon 地址，出现如图 3-7-1 所示的登录界面。

图 3-7-1 Dashboard 登录界面

至此，就可以通过 Dashboard 连接、管理 OpenStack 了。

巩固与思考

①Horizon 服务在 OpenStack 云平台上主要完成什么功能？在普通的计算机结点中该部分功能是如何实现的？

②配置 Horizon 服务时哪些是必配项？必配项主要完成哪些功能？

项目四

用OpenStack构建公司云主机

 项目情景

云涛公司已建设传统的网络。由于云计算的发展，为了节约能源，节省管理成本，通过董事会的决议，决定创建云数据中心。初级阶段预建设 2 台测试云主机，能实现云主机之间相互通信，并能实现公司内员工对云主机的访问，还要保证未授权访问，为未来公司网络全部采用云计算方式奠定基础。

要求网络施工员从项目经理处获取任务单，与客户沟通，完成云主机构建并进行测试，交付客户验收确认。

 项目目标

①了解构建公司云主机工作任务；
②了解云计算特点及功能；
③能分辨云主机和传统主机的区别；
④能描述宿主机和客户机的关系；
⑤能在教师指导下操作云平台的界面；
⑥能解释项目 project 含义，能熟练创建项目；
⑦比较用户和用户组，能根据实施计划创建用户和用户组；
⑧概述云计算环境下的网络概念；
⑨概述云计算环境下的路由概念；
⑩解释安全组概念，能使用安全组进行安全组的设置；
⑪能描述镜像功能和作用，能利用镜像创建云主机；
⑫能在 OpenStack 云环境中利用 ping 测试网络连通性；
⑬能根据云涛公司云主机建设需要进行构建、测试、验收书写报告；
⑭锻炼沟通、表达、合作能力，提升职业素养，养成乐观、积极向上的生活态度。

任务一 制订计划

学习目标

①能通过运用媒介，收集信息，写出云计算环境下创建云主机要素；
②能写出网络命名方法，能完成网络的命名设计；
③能制订云计算环境下创建云主机步骤；
④通过规划设计，体验工作流程，提升学习能力。

任务内容

本任务是分析公司云主机构建需求，设计构建公司云主机基本信息，完成公司云主机构建计划的制订。

任务实施

一、根据项目情景，分析应用需求

云涛公司现有传统网络提供公共网段是 10.16.199.0/24，能提供的地址范围是 10.16.199.221/24~10.16.199.250/24，要求新建设的云主机使用该网段地址，提供对公司员工的访问。

根据情景描述，满足用户需求主要完成的任务如下：
①创建云主机。
②云主机正常运行。
③云主机之间能相互访问。
④能保证云主机的安全访问。

二、创建云主机技术分析及实现方法

根据 OpenStack 创建云主机的技术实现方法，需要定义实例名称（instance name）、源、规格（flavor）、网络、安全组、密钥对信息，要提前设计好，创建云主机（实例）时直接使用。

（1）实例名称（instance name）

定义云主机（实例）的名称，也就是主机名，给主机起个便于识别的名称，用来区分不同云主机。

说明：此处用"实例"术语更加确切，大部分的官方网站和应用基本都倾向使用"实例"这一术语。

（2）源

这是一个 Image，就是一个镜像，安装有某种操作系统，或者说是能够启动实例的磁盘，带有操作系统的引导系统。实例加载上这个"Image"后就可以启动该实例，成为一个真正的云主机了。例如一个 Ubuntu 的 Linux 的镜像加载给某个实例，启动后就是一个具有 Ubuntu 操作系统的 Linux 主机；一个 Windows 的 Win 7 的

镜像加载给某个实例，启动后就是一个具有 Win 7 操作系统的桌面了。

（3）规格（flavor）

这是定义云主机（实例）的硬件参数。例如 CPU 个数、内存大小、硬盘大小等参数，体现云主机的性能。如果云主机（实例）提供桌面系统，用较少资源就可以了，如果云主机（实例）提供某种网络服务（如 Web、数据库等），则根据性能需求进行定制规格（flavor）。

（4）网络

定义内部网络，用来连接实例，可以根据用户的需求定义多个网络（网段），不同性质的部门使用不同网络（网段）。不同网络可以通过虚拟路由器连接实现通信。

注意：这里网络的含义过多指网段的意思，包含网络名称、子网名称和子网网段信息。

（5）安全组（access & security）

相当于云主机（实例）的防火墙，对访问云主机（实例）的数据流进行过滤，默认是 defaults 安全组。

（6）密钥对

包含公钥和私钥密钥，实现用户通过终端软件连接云主机（实例）时证书认证。通过密钥认证时，用户可以不输入密码。

如图 4－1－1 所示，创建实例时需要填入或者选择信息，带"＊"的是必须填写的，其他是可选的项目。要根据这些参数和公司的具体需求规划设计这些信息。

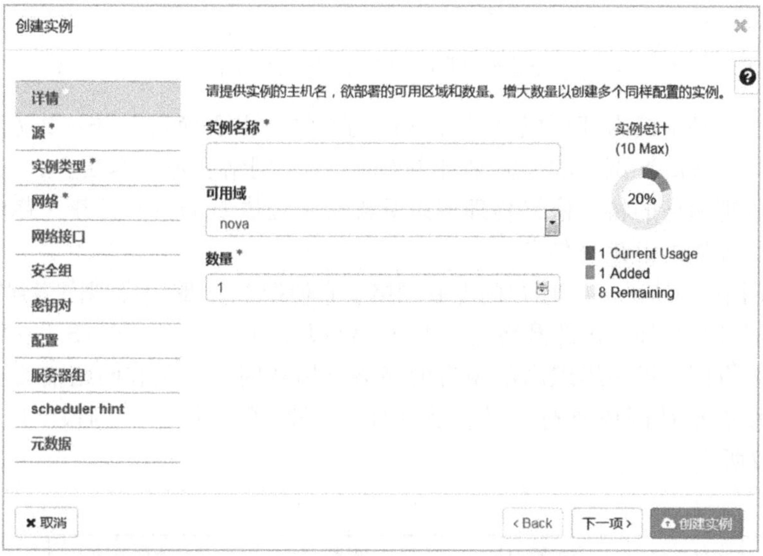

图 4－1－1　创建实例

例如，在"详情"选项内，填写新建云主机名字"test01"，实例类型中可以查看里面有很多类型，针对默认的一个迷你操作系统，定义了 CPU、内存和硬盘等资源，例如选择"m1"，也就是如右边所展示的包含 1 个 VCPU、1 个 1GB 的磁盘和 512 MB 的内存。

三、对云涛公司的云主机测试系统涉及的参数命名进行设计

命名的原则是整体规划、清晰易懂、简洁。如测试,以后可以删除不用,仅仅是为了验证可行性,命名方式:实例名称采用 test_host,源采用 cirros 的 Linux 源,实例类型采用 m1,网络采用 test_net,安全组采用 test_sec_group,密钥对采用 test_key,路由采用 test_route,用户采用 test_user01,用户组采用 test_group01,项目采用 test_project,角色命名为 test_role,如表 4-1-1 所示。

表 4-1-1 参数命名设计

序号	参数	名称	备注
1	实例名称	test_hostxx	云主机(实例)名称,多台用不同的数字区分
2	源	cirros	选择的镜像文件,可不用命名
3	实例类型	m1	云主机配额类型,可不用命名
4	网络	test_net	云主机所在私有网络名称
5	安全组	test_sec_group	云主机所属的安全组
6	密钥对	test_key	云主机所使用的密钥对
7	路由	test_route	连接公有网和私有网的桥梁
8	用户	test_user01	使用云主机的用户,密码也要设计,并记录
9	用户组	test_group01	云主机用户所在的用户组
10	项目	test_project	用户和用户组所在的项目
11	角色	test_role	用户的角色

四、对云涛公司的云主机测试系统网络进行设计

外部网络是组织内部可以连接互联网的网络,主要通过 layer-2(网桥/交换机)服务以及 VLAN 网络的分割来部署 OpenStack 网络服务。本质上,它是建立虚拟网络到物理网络的桥,依靠物理网络基础设施提供 layer-3 服务(路由),通过 DHCP 为实例提供 IP 地址信息。

内部网络是 OpenStack 用户的专有网络,它使用 NAT 路由虚拟网络到物理网络,提供对外服务。另外,内部网络也是提供高级服务的基础,如 LBaaS 和 FWaaS。

这里公有网络沿用组织内部现有的网络设施和网段,私有网络需要进行设计,可以采用私有地址网段进行设计,例如使用 192.168.11.0/24 网段。网络设计如表 4-1-2 所示。

表 4-1-2 网络设计

网络名称	子网名称	网络地址	网关	分配地址范围	DNS
Test_net	Test_subnet	192.168.11.0/24	192.168.11.254	192.168.11.101~192.168.11.150	202.96.128.166

五、创建云涛公司的云主机测试系统实施计划

编写创建云涛公司的云主机测试系统实施计划书,要求能根据该计划书,在云

平台上操作实现，创建一个具体的云主机（实例），能运行云主机、测试云主机，达到云主机正常运行和云主机之间正常通信验收标准。

根据前面综合分析，完成该云主机测试系统可以采用如下步骤，其中(1)-(6)步骤以管理员身份操作，其余步骤用创建的用户操作实现。

①熟悉云平台的操作界面。
②创建项目，并配置项目配额。
③创建角色。
④创建用户。
⑤创建用户组，并将用户加入用户组中。
⑥编辑项目成员，将用户添加到项目组中。
⑦创建虚拟网络。
⑧创建路由。
⑨生成密钥对。
⑩创建安全组，并设置安全规则。
⑪启动一个具体的实例。
⑫VNC 连接实例。
⑬终端连接实例。
⑭启动另一个实例。
⑮测试实例之间的连通性。

巩固与思考

①描述外部网络和内部网络的区别，外部网络的网络地址是否可以使用 RFC1918 定义的网段地址。
②通过互联网等手段，收集网络命名、用户命名的原则和方法。

任务二　认识云平台操作界面

学习目标

①能说出 OpenStack 云平台工作界面元素的功能；
②能写出 OpenStack 云平台菜单内容的含义；
③能在教师的指导下模仿 OpenStack 云平台的操作；
④能描述 OpenStack 云平台菜单中术语含义。

任务内容

本任务是认识 OpenStack 云平台操作界面，了解菜单的结构和功能。

任务实施

对一个新的技术人员，新的操作系统，首先熟悉操作系统的界面，基本操作方法和基本术语。

一、认识 OpenStack 管理界面

1. 用 admin 登录 OpenStack 的 Dashboard（见图 4-2-1）

图 4-2-1　登录界面

2. 认识登录后的菜单界面

用 admin 成功登录后，如图 4-2-2 所示，可以看到窗口的左上角有 3 个选项卡，分别是"项目"、"管理员"和"身份管理"。

图 4-2-2　登录成功界面

项目是云平台中的组织单元，也称为租户或账户，每个用户都是一个或多个项目的成员。在项目中，用户可以创建和管理实例。

二、认识"项目"选项卡

在"项目"选项卡中，包含"计算"、"卷"和"网络"标签，如图 4-2-3 所示，可以查看和管理选定项目中的资源。

1. "计算"标签

"计算"标签中包含"概况"、"实例"、"镜像"和"密钥对"菜单，可以通过这些菜单管理和查看项目内的计算资源，具体信息如图 4-2-4 所示。

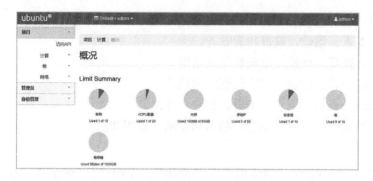

图 4-2-3 "项目"选项卡

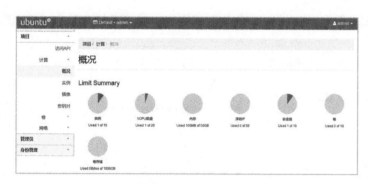

图 4-2-4 "计算"标签

下面对"计算"标签中的菜单进行简要解释。

①概况：可以查看项目报告，例如显示计算、卷和网络等资源使用情况的摘要信息。

②实例：查看、启动、创建快照、停止、暂停或重新启动实例，或通过 VNC 连接到它们。

③镜像：查看由项目用户创建的镜像和实例快照，以及任何公开可用的镜像。创建、编辑和删除镜像，并从镜像和快照中启动实例。

④密钥对：查看、创建、编辑、导入和删除密钥对。

2. "卷"标签

"卷"标签中包含"卷"、"备份"、"快照"、"一致组"和"一致组快照"菜单，可以通过这些菜单对卷进行查看和管理，具体信息如图 4-2-5 所示。

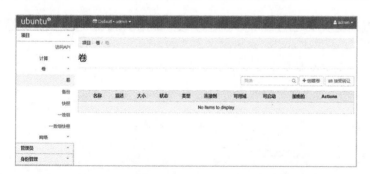

图 4-2-5 "卷"标签

下面对"卷"标签中的菜单进行简要解释。
①卷:查看、创建、编辑和删除卷。
②备份:查看、创建、编辑和删除备份。
③快照:查看、创建、编辑和删除卷快照。
④一致组:查看、创建、编辑和删除一致组。
⑤一致组快照:查看、创建、编辑和删除一致组快照。

3. "网络"标签

"网络"标签中包含"网络拓扑"、"网络"、"路由"、"安全组"和"浮动 IP"菜单,可以通过这些菜单对网络进行查看和管理,具体信息如图 4-2-6 所示。

图 4-2-6 "网络"标签

下面对"网络"标签中的菜单进行简要解释。
①网络拓扑:查看网络拓扑。
②网络:建立和管理公共和私人网络。
③路由:创建和管理路由器。
④安全组:查看、创建、编辑和删除安全组和安全组规则。
⑤浮动 IP:将 IP 地址分配给项目或将其从项目中释放。

三、认识"管理员"选项卡

在"管理员"选项卡中,包含"概况"、"计算"、"卷"、"网络"和"系统"标签,管理员可以查看资源使用情况,并管理实例、卷、规格、镜像和网络等,具体信息如图 4-2-7 所示。

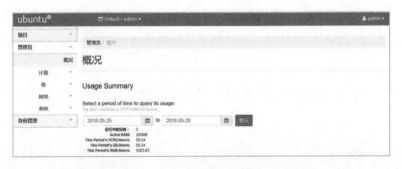

图 4-2-7 "管理员"选项卡界面

1. "概况"标签

查看基本概况报告，可以查看某时间段的资源使用情况，例如实例数量、VCPU使用情况、磁盘使用情况，以及每个具体项目的资源使用情况。具体信息如图4-2-8所示。

图4-2-8 "概况"标签

2. "计算"标签

"计算"标签中包含"虚拟机管理器"、"主机聚合"、"实例"、"实例类型"和"镜像"菜单，可以通过这些菜单对计算进行查看和管理，具体信息如图4-2-9所示。

图4-2-9 "计算"标签

下面对"计算"标签中的菜单进行简要解释。

①虚拟机管理器：查看虚拟化摘要。

②主机聚合：查看、创建和编辑主机聚合。查看可用性区域列表。

③实例：查看、暂停、恢复、挂起、迁移、软或硬重新启动，并删除属于某些项目（但不是所有项目）用户的运行实例。同时，查看实例的日志或访问，通过

VNC 进行实例访问。

④实例类型：查看、创建、编辑额外的规范，删除实例类型。实例类型是一个实例资源的大小。

⑤镜像：查看、创建、编辑和删除自定义镜像的属性。

3. "卷"标签

"卷"标签中包含"卷"、"快照"和"卷类型"菜单，可以通过这些菜单对卷进行查看和管理，具体信息如图 4-2-10 所示。

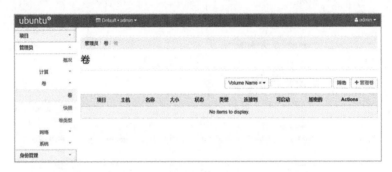

图 4-2-10 "卷"标签

下面对"卷"标签中的菜单进行简要解释。

①卷：查看、创建、管理和删除卷。

②快照：查看、管理和删除卷快照。

③卷类型：查看、创建、管理和删除卷类型。

4. "网络"标签

"网络"标签中包含"网络"、"路由"和"浮动 IP"菜单，可以通过这些菜单对网络进行查看和管理，具体信息如图 4-2-11 所示。

图 4-2-11 "网络"标签

下面对"网络"标签中的菜单进行简要解释。

①网络：查看、创建、编辑网络的属性和删除网络。

②路由：查看、创建、编辑路由器的属性和删除路由器。

③浮动 IP：为项目分配或释放 IP 地址。

5. "系统"标签

"系统"标签中包含"默认值"、"元数据定义"和"系统信息",其中"系统信息"又包含"服务"、"计算服务"、"块存储服务"和"网络代理",可以通过这些菜单对系统进行查看和管理,具体信息如图4-2-12所示。

下面对"网络"标签中的菜单进行简要解释。

①默认值:查看默认配额值。配额在OpenStack Compute中进行了硬编码,并定义了最大允许的资源大小和数量。

②元数据定义:导入命名空间并查看元数据信息。

③系统信息:使用以下选项卡查看服务信息。

a. 服务:查看服务列表。

b. 计算服务:查看所有计算服务的列表。

c. 块存储服务:查看所有块存储服务的列表。

d. 网络代理:查看网络代理。

图4-2-12 "系统"标签

四、认识"身份管理"选项卡

在"身份管理"选项卡中,包含"项目"、"用户"、"组"和"角色"标签,管理用户可以查看和管理项目、用户、组、角色等,具体信息如图4-2-13所示。

图4-2-13 "身份管理"选项卡

1. "项目"标签

打开"项目"标签，可以创建新的项目、管理项目，例如修改组、编辑项目、查看使用量、修改配额、删除项目等，具体信息如图4-2-14所示。

图 4-2-14 "项目"标签

2. "用户"标签

打开"用户"标签，可以创建新的用户、管理用户，如修改密码、禁用用户、删除用户等，具体信息如图4-2-15所示。

图 4-2-15 "用户"标签

3. "组"标签

打开"组"标签，可以创建新的组、管理组，如编辑组、删除组等，具体信息如图4-2-16所示。

4. "角色"标签

打开"角色"标签，可以创建新的角色、删除角色，具体信息如图4-2-17所示。

图 4-2-16 "组"标签

图 4-2-17 "角色"标签

巩固与思考

①描述登录 Horizon 后,OpenStack 包含哪些选项卡,可以完成哪些功能?
②项目的含义是什么,在"项目"选项卡和"管理"选项卡中都有计算,它们有什么区别?

任务三 创建公司项目、用户、用户组和角色

学习目标

①能说出 OpenStack 环境的项目概念;
②能描述 OpenStack 环境的用户概念;
③能描述 OpenStack 环境的用户组概念;
④能描述 OpenStack 环境的角色概念;
⑤能在 OpenStack 平台上完成创建和修改项目、用户、用户组及角色的信息;
⑥整理操作过程,总结最佳实践。

任务内容

本任务是根据公司测试项目的需求,运用 OpenStack 云平台完成创建和修改项

目、用户、用户组及角色的信息。

任务实施

根据本项目中的任务一制订的实施计划以及项目、用户、用户组及角色的设计,按照计划的步骤完成项目、用户、用户组及角色的创建。

一、创建项目和修改项目配额

OpenStack 的"项目",在 M 版之前被称为租户(tenant),从 M 版开始使用"项目"这个概念。租户是资源的集合、资源的容器、资源的拥有者,包括计算机资源、存储资源、网络资源、镜像资源等。租户的配额(tenant quotas)包括 instance 个数、VCPU 个数、内存数量、内部 IP 和公网 IP 数量等。

OpenStack 本身是多租户架构的。多租户(multi-tenancy)是指一个建立在共同的底层资源上的环境被多个租户共同使用,就像一座大楼一样,许多租户共享大楼的基础设施,也就是多租户架构下所有用户都共用相同的软硬件环境。

多租户有两个重要的特性,即共享性和隔离性。

(1)多租户的共享性

多租户共享 IT 基础设施,即共享硬件资源和软件资源。它通过共享硬件或软件来实现云的规模性成本,对于公有云,该特性更能充分体现出来,云服务提供商希望利用多租户带来的资源高度共享模式(架构),提高资源利用率,降低单位资源成本。

(2)多租户的隔离性

多个租户之间的资源使用是隔离的,例如 A 租户定义一个自己的私有网络,采用 192.168.11.0/24 地址段,那么 B 租户也可以定义自己的私有网络是 192.168.11.0/24,相互之间是不会冲突的。再例如定义了租户的资源后,A 租户中的用户使用 A 租户的资源与 B 租户中的用户使用 B 租户没有关系,两个租户是隔离的。这里特别说明,由于多租户的隔离性,只有本租户的用户才有权限访问自己租户的资源。

具体创建项目的步骤如下:

(1)打开项目标签

以管理员(admin)的身份登录,选择"身份管理"选项卡,然后单击"项目"按钮,如图 4-3-1 所示,可以看到"项目"标签窗口。

图 4-3-1 "项目"标签窗口

(2) 创建项目

单击右上角的"创建项目"按钮,弹出"创建项目"窗口,按照规划的名称填入项目名称,并在"描述"文本框中对项目进行简单的描述,如图 4-3-2 所示。

图 4-3-2 "创建项目"窗口

(3) 完成创建

单击"创建项目"窗口右下角的"创建项目"按钮后,就可以看到刚创建的项目了,如图 4-3-3 所示。

图 4-3-3 完成创建项目

(4) 修改项目配额

项目创建完成后,可以根据公司对计算、存储和网络等资源的需求对项目的配额进行修改,也就是可以修改该项目最大资源的使用量,如该项目最多可以创建多少个卷,多少个安全组,多少个网络,多少台路由等。

选中刚创建的项目,在右边的下拉菜单中选择"修改配额"命令,出现修改配额窗口,具体信息如图 4-3-4 所示。

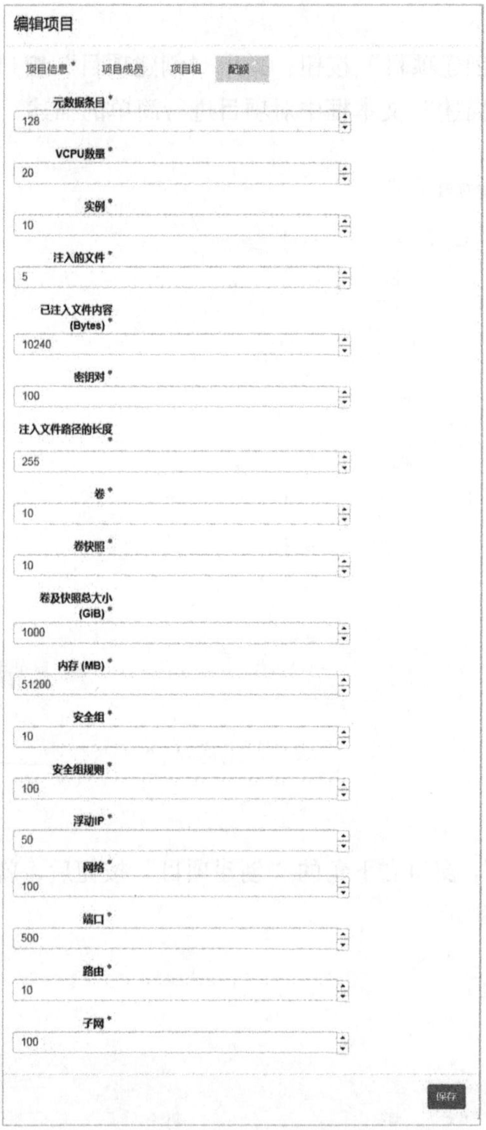

图 4-3-4 项目配额

二、创建和查看组

组是具有相同或者相近属性的 OpenStack 用户集合，是对组织内部用户的分类，例如对于普通的中小公司，有多个部门，每一个部门的用户分成一个组，这样方便管理。即可以使用组来简化管理用户角色分配的任务。将角色分配给项目的组相当于将角色分配给该项目上的每个组成员，当从组中取消角色分配时，该角色将自动从该组成员的任何用户中取消分配。

与用户一样，没有任何角色分配的组是无用的，并且无法访问资源。

1. 创建组

创建组需要输入组的名字及对组的描述，随后可以对组进行编辑和对组的成员进行管理，具体信息如图 4-3-5 所示。

2. 创建组完成

单击创建组窗口右下角的"创建组"按钮，系统会创建组，具体信息如图4-3-6所示。

图4-3-5 创建组

图4-3-6 创建组完成

三、创建和查看角色

一个角色（Role）是应用于某个租户的使用权限集合，以允许某个指定用户访问或使用特定操作。角色是使用权限的逻辑分组，它使得通用的权限可以简单地分组并绑定到与某个指定租户相关的用户。

在OpenStack中不同角色权限的控制在文件/etc/SERVICE_NAME/policy.json中设置，例如在文件/etc/glance/policy.json中指定不同角色对镜像服务的访问策略和权限，同样在文件/etc/cinder/policy.json中指定不同角色对卷的访问策略和权限。

例如，在文件/etc/cinder/policy.json中，下面的配置并没有限制哪一个用户可以创建volume，任何在相应project中的用户都可以在project中创建volume：

"volume: create": "",

如果想要限制只能是某种角色的用户才可以创建volume，可以这样做：

"volume: create": "role: engineer",

如上的配置就限制了只有engineer角色的用户才可以创建volume。

用户可以被添加到任意一个全局的或租户内的角色中。在全局的角色中，用户的角色权限作用于所有的租户，即可以对所有的租户执行角色规定的权限；在租户内的角色中,用户仅能在当前租户内执行角色规定的权限。

1. 创建角色

创建角色的过程比较简单,输入角色的名称,具体如图4-3-7所示。

图4-3-7 创建角色

2. 查看创建角色完成结果

单击创建组窗口右下角的"创建角色"按钮,系统会创建角色,具体结果如图4-3-8所示。

图4-3-8 创建角色完成

四、创建和查看用户

用户,是代表可以通过 Keystone 认证进行访问 OpenStack 资源的人或程序,OpenStack 以用户的形式来授权服务给它们。一个用户就是一个有身份验证信息的 API 消费实体,拥有用户名、证书(Credentials)或者密码、邮箱等账号信息,一个用户可以属于多个项目(租户)、角色。

1. 创建用户

创建用户需要输入用户名、邮箱、密码,用户所在的项目信息,最后单击右下角的"创建用户"按钮。根据前面规划输入相关属性,具体如图4-3-9所示。

2. 查看创建完成后结果

创建用户完成后,可以在用户列表中查看新建的用户,如图4-3-10所示。

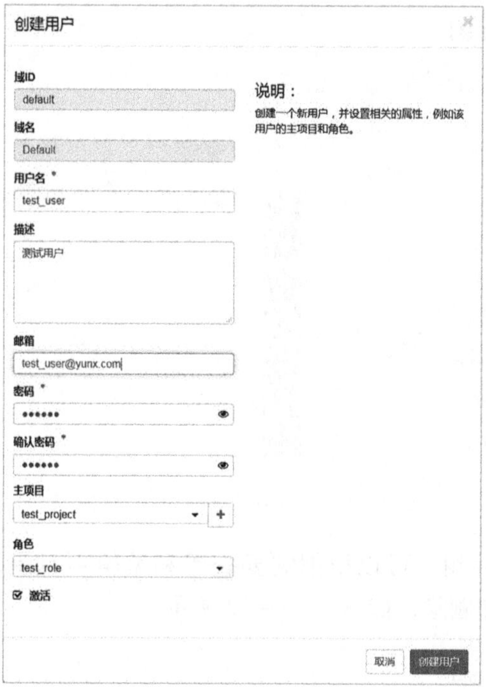

图4-3-9 创建用户

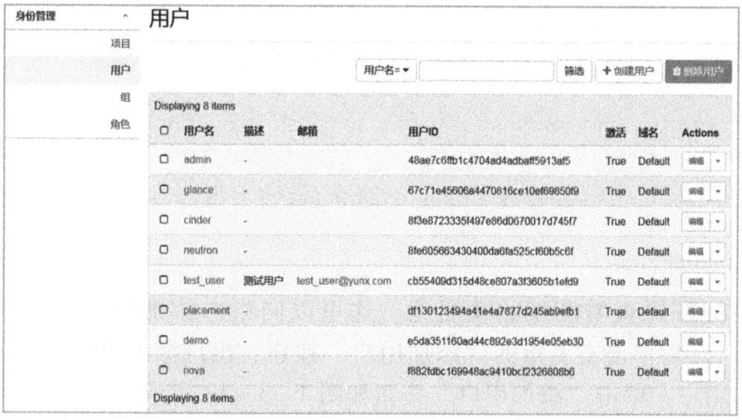

图4-3-10 创建完成的用户

五、查看和编辑项目、组、角色、用户

任何时间都可以查看和编辑项目、组、角色、用户信息，根据公司的需求可以调整项目、组、角色、用户的关系，例如可以编辑项目成员、组成员、用户属性等。

1. 查看和编辑项目

任何时间都可以对项目信息进行编辑，例如编辑项目的基本信息、项目成员、项目组和项目配额，这里以编辑项目成员和项目组为例进行说明。

①查看和编辑项目成员。可以根据需要查看和编辑项目成员，如图4-3-11所示。

图 4-3-11 查看和编辑项目成员

②查看和编辑项目组。可以根据需要查看和编辑项目组,通过单击"+"和"-"按钮实现添加和删除,如图 4-3-12 所示。

图 4-3-12 查看和编辑项目组

2. 查看和编辑组

可以根据需要查看和编辑项目组。这里以向组内添加用户为例说明,单击"组"标签,然后单击右上角的"添加用户"按钮,出现添加组成员窗口,然后选中要添加的用户,单击"添加用户"按钮如图 4-3-13 所示。

图 4-3-13 向组内添加用户

添加完成后出现如图 4-3-14 所示界面。

图 4-3-14 添加完成后的界面

3. 查看和编辑角色

当前 OpenStack 的 Horizon 没有提供编辑角色使用权限和具体规则的功能，如果需要编辑，需要通过手动编辑/etc/SERVICE_NAME/policy.json 配置文件实现。

4. 查看和编辑用户

可以根据需要查看和编辑用户，目前只能对基本信息和所属的项目进行编辑，单击"用户"标签，选中要编辑的用户，然后单击右边的"编辑"按钮，出现编辑界面，如图 4-3-15 所示。

图 4-3-15 查看和编辑用户

六、OpenStack 用户认证解释

1. Keystone

Keystone（OpenStack Identity Service）是 OpenStack 框架中，负责身份验证、服务规则和服务令牌的功能，它实现了 OpenStack 的 Identity API。Keystone 类似一个服务总线，或者说是整个 OpenStack 框架的注册表，其他服务通过 Keystone 来注册其服

务的 Endpoint（服务访问的 URL），任何服务之间相互的调用，需要经过 Keystone 的身份验证来获得目标服务的 Endpoint 来找到目标服务。主要功能是用户管理、跟踪用户及其权限，另外是服务目录，提供带 API 地址的可用服务的目录。

2. 认证

认证（Authentication）是确认用户身份和请求正确性的动作。身份服务确认传入的请求来自于有请求权限的用户，这些请求最初以一系列验证信息的形式出现（用户名和密码，或用户名和 API key），经过初始验证后，身份服务会颁发给用户一个令牌，在后续请求时用户可以用这个令牌说明他们的身份已经经过认证。

3. 令牌

令牌（Token）是用来访问资源的任意比特的文本。每个令牌有一个访问范围，令牌可在任意时间收回，并在一个有限的时间内有效。

巩固与思考

①从互联网上收集材料，描述登录用户、角色、组、项目之间的关系。
②查看官方网站"https://docs.openstack.org/keystone/queens/user/"，描述 OpenStack 的用户认证过程。

任务四　创建公司网络和路由

学习目标

①能描述 OpenStack 环境的网络概念；
②能描述 OpenStack 环境的路由概念；
③能在 OpenStack 平台上完成创建和修改虚拟网络和虚拟路由；
④能概括虚拟网络和虚拟路由的关系；
⑤分享工作经验，提升职业素养。

任务内容

本任务是根据公司测试项目的需求，利用 OpenStack 云平台创建网络和路由以及创建相应的网络端口，并理解 OpenStack 环境下的虚拟网络和虚拟路由的关系。

任务实施

OpenStack 提供的网络服务是由 Neutron 提供的，Neutron 是 OpenStack 的核心服务，是重要的组件。

Neutron 的设计目标是实现"网络即服务（Networking as a Service）"，遵循"软件定义网络（Software – Defined Networking，SDN）"的网络虚拟化原则，在实现上充分利用了 Linux 系统上各种与网络相关的技术。

Neutron 能够管理 OpenStack 环境中的虚拟网络基础设施（VNI）和物理网络基础设施（PNI），为 OpenStack 环境提供网络支持，包括二层交换、三层路由、负载均衡、防火墙、虚拟专用网络（VPN）和网络拓扑等。

（1）二层交换（Switching）

实例是通过虚拟交换机连接到虚拟二层网络的，虚拟交换机可以选择 Linux 原生的 Linux Bridge 或者 Open vSwitch。

Open vSwitch（OVS）是一个开源的虚拟交换机，它支持标准的管理接口和协议。

利用 Linux Bridge 和 OVS，Neutron 除了可以创建传统的 VLAN 网络，还可以创建基于隧道技术的 Overlay 网络，比如 VxLAN 和 GRE（Linux Bridge 目前只支持 VxLAN）。

（2）三层路由（Routing）

在实际应用中，实例的 IP 需要配置成不同的网段，虚拟路由器（Router）实现不同网段的实例实现跨网段通信。Router 通过 Linux 提供的 IP forwarding，iptables 等技术来实现路由和 NAT。

（3）负载均衡（Load Balancing）

LBaaS 支持多种负载均衡产品和方案，不同的实现以 Plugin 的形式集成到 Neutron，目前默认的 Plugin 是 HAProxy。

（4）防火墙（Firewalling）

OpenStack 的 Neutron 通过安全组（Security Group）和 iptables 保障实例和网络的安全性。安全组可以设置对实例的访问规则，直接作用到实例上，运用 iptables 对虚拟路由器的数据流进行过滤。

（5）虚拟专用网（VPN）

Neutron 支持 VPN 功能，实现了 VPNaaS，可以通过安装 openswan 和 neutron - plugin - vpn - agent 软件包并对配置文件修改实现该功能。

一、创建网络信息

创建网络（Network）包含创建网络、子网和端口。网络是泛指的二层网络，子网是具体的 IP 网段，端口是网络连接路由器或者实例的接口。

1. 创建网络

网络（Network）是一个隔离的二层广播域。Neutron 支持多种类型的 Network，包括 Local，Flat，VLAN，VxLAN 和 GRE。

Local：Local 网络与其他网络和结点隔离。Local 网络中的实例只能与位于同一结点上同一网络的实例通信，Local 网络主要用于单机测试。

Flat：Flat 网络是无 VLAN 标记的网络。Flat 网络中的实例能与位于同一网络的实例通信，并且可以跨多个结点。

VLAN：VLAN 网络是具有 802.1q tagging 的网络。VLAN 是一个二层的广播域，同一 VLAN 中的 instance 可以通信，不同 VLAN 只能通过 Router 通信。VLAN 网络可以跨结点，是应用最广泛的网络类型。

VxLAN：VxLAN 是基于隧道技术的 overlay 网络。VxLAN 网络通过唯一的

segmentation ID（又称 VNI）与其他 VxLAN 网络区分。VxLAN 中数据包会通过 VNI 封装成 UDP 包进行传输。因为二层的包通过封装在三层传输，能够克服 VLAN 和物理网络基础设施的限制。

GRE：GRE 是与 VxLAN 类似的一种 overlay 网络。主要区别在于使用 IP 包而非 UDP 进行封装。

不同 Network 之间在二层上是隔离的。以 VLAN 网络为例，Network A 和 Network B 会分配不同的 VLAN ID，这样就保证了 Network A 中的广播包不会跑到 Network B 中。当然，这里的隔离是指二层上的隔离，借助路由器不同 Network 是可以在三层上通信的。

Network 必须属于某个项目，项目中可以创建多个 Network。

创建网络以测试项目的用户登录，打开"网络"选项卡，单击"网络"标签，在右上角单击"创建网络"按钮，弹出创建网络窗口，输入网络名称，如图 4-4-1 所示。

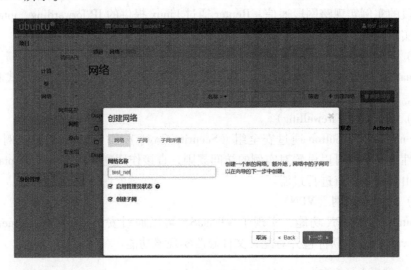

图 4-4-1　创建网络

2. 创建子网信息

子网（Subnet）是一个 IPv4 或者 IPv6 地址段，每个子网需要定义 IP 地址的范围和掩码，实例的 IP 从该子网定义的 IP 地址段中分配。

一个子网只能属于某个网络，一个网络可以有多个子网。同一个网络中的子网不可以有相同的 IP 网段，但是不同网络中的子网是允许有相同的 IP 网段的，也就是说同一个子网（相同 IP 网段）是允许出现在不同的网络中的，但是如果不同的网络连接同一台路由器上是不能正常路由转发的，因此在规划网络时，要避免网段的重复。

（1）创建子网

创建网络后可以选中"创建子网"复选框，继续单击"下一步"按钮，或者在任何时候，通过单击要创建的网络，然后单击右边的"编辑"，可以到创建子网的窗口，输入子网名称、网络地址、IP 版本、网关 IP，如图 4-4-2 所示。

图 4-4-2　创建子网

（2）激活 DHCP

继续下一步，激活 DHCP，输入要分配给实例的 IP 地址范围，预分配给实例 DNS 服务器的地址，如图 4-4-3 所示。

图 4-4-3　配置 DHCP 和 DNS

（3）创建网络完成

创建网络完成界面如图 4-4-4 所示。

3. 端口

端口（Port）可以看作虚拟交换机上的一个端口，用来连接其他设备（例如路由器或者实例）。在端口上定义了 MAC 地址和 IP 地址，当实例的虚拟网卡 VIF

（Virtual Interface）绑定到端口时，端口会将 MAC 和 IP 分配给 VIF。

一个端口必须属于某个子网；一个子网可以有多个端口。

图 4-4-4　创建网络完成界面

二、创建路由信息

OpenStack 用路由连接不同的子网，也用路由连接外部网络，这样可以实现内部网络和外部网络通信。

（1）创建路由

以测试项目的用户登录，打开"项目"选项卡，单击"路由"标签，在右上角单击"创建路由"按钮，弹出创建路由窗口，填写路由名称和外部网络信息，如图 4-4-5 所示。

图 4-4-5　创建路由

填写完信息后，在新建路由的窗口的右下角单击"新建路由"按钮，则完成路由创建，可以看到已经创建好的路由，如图 4-4-6 所示。

（2）查看路由概况

在路由列表的窗口中，双击路由名称，打开超链接，可以看到路由的概况，显示路由的概况信息，如名称、ID、状态等信息，如图 4-4-7 所示。

图4-4-6 完成路由创建

图4-4-7 路由概况

(3) 添加路由接口

在接口标签的右上角单击"增加接口"按钮,在弹出的窗口中选择子网信息,如图4-4-8所示,这样就添加了接口,通过该接口连接到子网,子网的网关就是该接口的 IP 地址。

图4-4-8 添加路由接口

添加完接口后,在接口列表中就有了新添加的接口,如图4-4-9所示。

图4-4-9 路由端口列表

(4) 查看接口信息

单击刚创建好的路由接口,将显示该路由接口信息如图4-4-10所示。由

图4-4-10可知，概况信息包含该端口的ID，该端口所属的网络、项目，该端口的MAC地址、IP地址，以及该端口的状态信息等，从该信息中可以看出，端口工作正常。

图4-4-10 路由接口信息

三、查看网络状况

网络和路由创建完成后，OpenStack虚拟化的网络就建立起来了，通过查看网络的端口连接状况可以知道虚拟网络之间的连接关系，也可通过查看生成的拓扑关系理解网络之间的逻辑连接。

（1）查看网络端口

选择"项目"→"网络"命令，然后单击所创建的网络"test_net"，单击"端口"标签，可以查看网络的端口信息，如图4-4-11所示，包含名称，端口的IP地址和MAC地址，通过与图4-4-10路由接口信息对比，可以看出，网络test_net的端口与路由的端口相连，子网是test_subnet。

图4-4-11 网络端口

（2）查看网络拓扑图

网络创建完成后，网络拓扑会自动生成，单击"网络"标签，然后单击"网络拓扑"可以看到当前的网络拓扑状况。网络拓扑可以通过"拓扑"和"图表"两种方式显示,如图4-4-12所示,左边通过"拓扑"标签显示,右边通过"图表"方式显示。从图4-4-12中可以看出,新建的网络test_net与新建的路由test_router通过端口相连,路由又与外部网络相连。

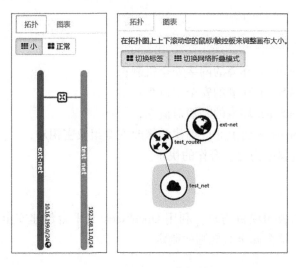

图 4-4-12 网络拓扑

> **小提示**
> 在拓扑操作界面中还可以将光标移到网络设备上面,会显示更详细的信息。

巩固与思考

①在互联网上收集 brctl 命令,学习该命令有哪些子命令?有哪些功能?
②查看图 4-4-13 并在互联网上收集 OpenStack 网络架构图,理解桥接关系。

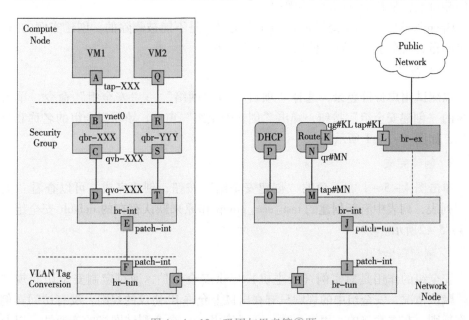

图 4-4-13 巩固与思考第②题

任务五 创建公司安全组和密钥对

学习目标

①能说出 OpenStack 环境的网络安全机制；
②能描述 OpenStack 环境的安全组概念；
③能描述 OpenStack 环境的密钥对概念；
④能在 OpenStack 平台上完成创建和修改安全组及密钥对；
⑤体验学习过程中沟通、合作的快乐。

任务内容

本任务是根据公司项目需求，利用 OpenStack 云平台创建安全组和密钥对，理解安全组的功能，学会安全组规则的制定。

任务实施

OpenStack 用安全组（Security Group）来保护实例的安全，用密钥对（Key Pair）实现免密登录。

一、创建安全组信息

安全组是一些规则的集合，用来对实例的访问流量加以限制，可以定义 n 个安全组，每个安全组可以有 n 个规则，可以给每个实例绑定 n 个安全组，这些安全组的规则可以叠加。绑定同一个安全组的实例使用相同的安全策略。安全组作用在实例的端口上，是基于 Iptables 实现的。

OpenStack 默认的安全组是 default 安全组，是不能被删除的。创建实例的时候，如果不指定安全组，会默认使用 default 安全组。

1. 创建安全组

以测试用户身份登录，选择"项目"→"网络"→"安全组"命令，单击右上角的"创建安全组"按钮，弹出"创建安全组"窗口，填写安全组的名称和描述信息，如图 4-5-1 所示。

2. 创建完成

单击图 4-5-1 右下角的"创建安全组"按钮，创建完成，可以查看"安全组"列表，列表中有新创建的 test_sec_group 和原来默认存在的 default 安全组，如图 4-5-2所示。

3. 制定安全规则

安全组的作用是对实例（云主机）提供安全保护，通过定制安全访问规则实现。默认情况，安全组中的规则只有在出口上允许 IP 协议的规则，没有访问实例的允许规则。在本案例中，用来测试，需要使用 ping 命令测试网络的连通性，以及通过 SSH 协议实现终端的连接,因此需要添加 ICMP 协议和 SSH 协议的允许规则。

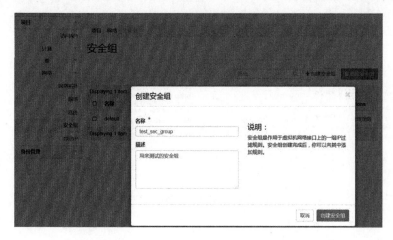

图 4-5-1 创建安全组

图 4-5-2 "安全组"列表

①打开"管理安全组规则"窗口。在"安全组"列表中,选中要添加规则的安全组,单击右边的"管理规则"按钮,出现"管理安全组规则"窗口,如图 4-5-3 所示。

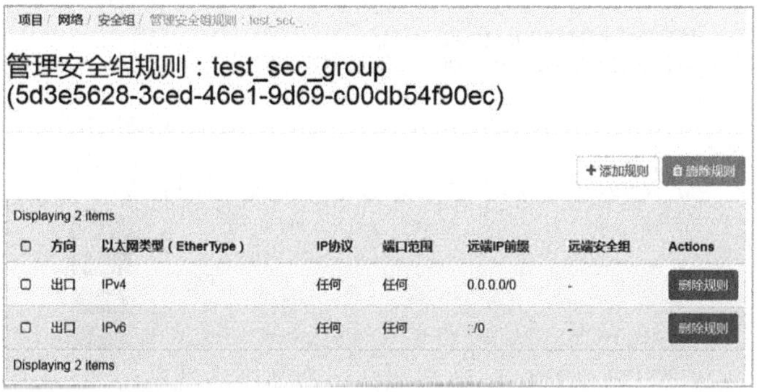

图 4-5-3 "管理安全组规则"窗口

②添加规则。在"管理安全组规则"窗口的右上角,单击"添加规则"按钮,分别添加 ICMP 和 SSH 协议的入口规则,如图 4-5-4 和图 4-5-5 所示。

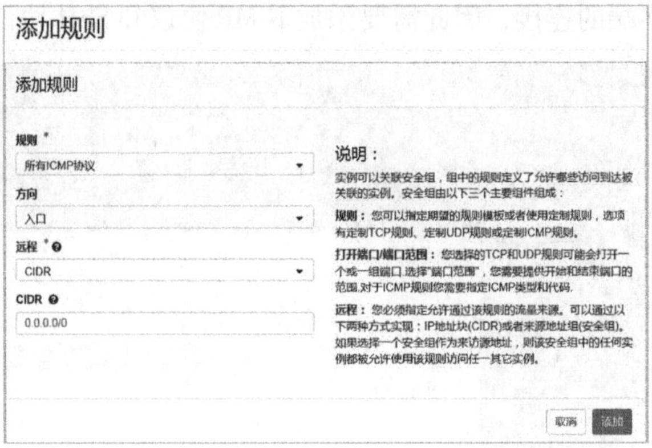

图 4-5-4　添加 ICMP 入口规则

图 4-5-5　添加 SSH 入口规则

③添加完成。添加规则后的界面如图 4-5-6 所示。

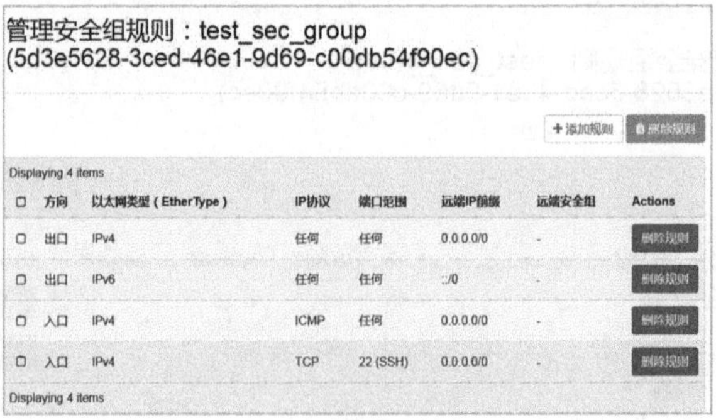

图 4-5-6　添加规则后的界面

二、创建和查看密钥对

登录操作系统可以使用密码登录或者密钥登录。密码登录是比较常见的一种方式，用户在操作系统中创建了用户名和密码，就可以使用自己的用户名和密码登录操作系统了。使用密钥登录是另外一种方式，即用户创建一个密钥对（公钥和私钥），然后将公钥注入操作系统中，在登录时使用私钥校验，校验通过后就可以登录操作系统。

OpenStack 提供了密钥登录的功能，可以采用密钥注入或者文件注入的方式将公钥注入操作系统中，从而实现密钥登录，也就是所谓的免密登录。

1. 创建密钥对

以测试用户身份登录，选择"项目"→"计算"→"密钥对"命令，单击右上角的"创建密钥对"命令，弹出"创建密钥对"窗口，填写"密钥对名称"信息，然后单击"创建密钥对"按钮，并生成私钥，如图 4－5－7 所示。

图 4－5－7　创建密钥对

2. 创建完成

单击图 4－5－7 右下角的"完成"按钮，创建完成，可以查看密钥对的列表，列表中有新创建的 test－key 密钥对，如图 4－5－8 所示。

图 4－5－8　密钥对列表

3. 查看密钥对详情

在密钥对列表中，单击新创建的密钥对，可以看到密钥对的详情信息，例如名称、指纹、已创建、用户 ID、公钥等信息，如图 4－5－9 所示。

图 4-5-9 密钥对详情

巩固与思考

①在互联网上收集 SSH 命令，学习该命令有哪些子命令，有哪些功能？

②如图 4-5-10 所示，理解网络、子网、端口、路由器、安全组和浮动 IP 地址的关系，将你的认识描述出来，将你的疑点记录下来，通过网络进行分析和解答。

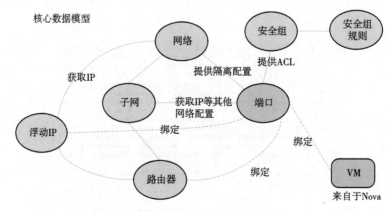

图 4-5-10 巩固与思考第②题

小提示

从图 4-5-10 中可以看出，端口在数据模型中占有重要位置，端口首要是作为虚拟机的网卡，然后是路由器端口，端口上面还绑定安全组，形成规则来提供端口的访问控制。端口是绑在每个网络上面的，网络能给端口和其他网络上的端口提供隔离。端口的 IP 地址从子网来获取。浮动 IP 是在公网上可以访问的一个 IP，在绑定到某个端口之后，这个端口就可以从外界访问了。

任务六 创建和启动一个实例（云主机）

学习目标

①能描述 OpenStack 环境的实例（云主机）概念；

②能使用 OpenStack 平台上的组件完成实例的创建；

③能使用 OpenStack 环境中的网络、子网、网关、路由、安全组、密钥对等组件创建实例；

④能通过控制台对创建的实例进行连接；

⑤体验学习过程中沟通、合作的快乐。

任务内容

本任务是根据公司项目需求，利用 OpenStack 云平台创建实例（云主机），并能用控制台连接创建的实例。

任务实施

利用 OpenStack 云平台创建实例（云主机），需要用到前期创建的网络、子网、网关、路由、安全组、密钥对等组件完成，然后利用 OpenStack 的 VNC 控制台连接实例可以对实例进行操作，也可用 PuTTY 等软件连接操作。

一、创建实例

创建实例按照下面步骤执行。

1. 进入创建实例界面

采用测试用户身份登录后，选择"项目"→"计算"命令，然后单击"实例"标签，再单击右边的"创建实例"按钮，如图 4-6-1 所示。

图 4-6-1 创建实例

2. 填写实例名称

打开创建实例的窗口后，填写实例名称，如图 4-6-2 所示。

注意：本窗口中凡是带"＊"的是必填项目，没有带"＊"的是可选项目。创建一个最简单的实例，不需要很多选项，只填写带"＊"的选项就可以了。

3. 选择镜像

"源"的选择，就是选择实例的镜像。在"可用"列表中选择需要的镜像，单击镜像右边的箭头按钮即可被选中。

这里需要说明的是，选择源的时候可以同时创建卷，如图 4-6-3 所示。在镜像的右边有是否创建卷的选项，默认是创建卷的，可以根据需要决定是否创建卷,如果创建卷,还可以指定卷的大小。这里选择不创建卷,选择以后的界面如图4-6-4所示。

镜像可以认为是可以启动操作系统的系统盘。

4. 选择主机的类型

主机的类型定义主机硬件参数。例如 CPU、内存、硬盘等信息,早期版本翻译为"规格",用英文"flavor"定义。系统提供多个规格,也可以自己根据需求定义规格使用。这里用较小的类型,单击类型右边的箭头按钮即可被选中,如图4-6-5所示。

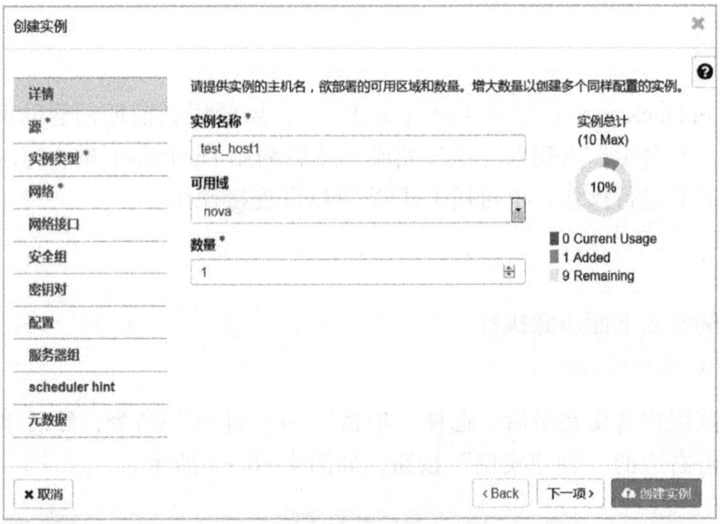

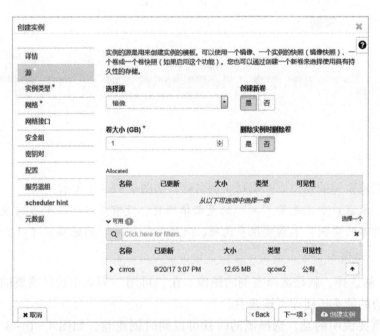

图4-6-2 填写实例信息

图4-6-3 选择镜像界面

图4-6-4 选择镜像后的界面

图4-6-5 选择主机的类型

5. 选择网络

在"可用"列表中选择本项目任务五定义的网络,单击右边的箭头按钮即被选中,如图4-6-6所示。

6. 选择网络接口

网络接口是虚拟交换机连接实例网卡的端口,可以在创建网络完成后,在网络上创建端口,设置IP地址和MAC地址等信息,该地址就会直接分配给实例。也可以在网络创建时不创建端口,创建实例时系统自动创建端口连接实例,并分配给实例 IP 地址和 MAC 地址。这里采用系统自动创建实现,如图 4-6-7 所示。

图 4-6-6 选择网络

图 4-6-7 选择网络接口

7. 选择安全组

在"可用"列表中选择本项目任务五定义好的安全组,单击右边的箭头按钮即被选中,如图 4-6-8 所示。

8. 选择密钥对

在"可用"列表中选择本项目任务五定义好的密钥对,单击右边的箭头按钮即被选中,如图 4-6-9 所示。

图 4-6-8 选择安全组

图 4-6-9 选择密钥对

9. 启动实例

略去"配置"、"服务器组"、"scheduler hint"和"元数据"选项,单击创建实例窗口右下角的"启动实例"按钮,经过孵化等步骤,系统启动了实例,如图 4-6-10 所示。至此,一个实例创建完成,下面可以登录实例,进入实例操作系统了。

下面介绍一下创建实例窗口中最后几个选项:

①配置:属于对实例的个性化定制,比如修改 root 密码,注入 SSH 密钥和网络参数等动作。这些动作的完成都是在实例启动之前进行的,可以通过配置脚本或者利用脚本文件(浏览器支持 HTML5 文件 API)的方式实现。

图 4-6-10 启动实例

对于磁盘分区,有两种磁盘分区选择项目:选择自动调整磁盘并设置为一个单独的分区;选择手动允许在一个磁盘上创建多个分区。

如果想将元数据写入指定的配置驱动器中,请选中"配置驱动"复选框,当实例启动时,就会追加配置驱动并访问元数据。

②元数据(metadata):元数据是关联到实例的键值对的集合,以 key value 的方式,长度控制在 255 个字符,主要包括实例自身的一些常用属性,如 hostname、网络配置信息、SSH 登录密钥等。

在 OpenStack 中,实例获取元数据信息的方式有两种:Config drive 和 metadata RESTful 服务。

元数据和用户数据的区别是:

元数据以键值的方式,重点在提供数据,比如 IP、安全组等;而用户数据多是脚本的方式,重点在配置,比如提供 shell 脚本,设置 root 的密码等。

部署实例时传入的参数不同,元数据使用 –meta 参数,key 和 value 的长度控制在 255 个字符,而用户数据使用 –user–data 参数,使用文件传入。

用户数据一旦实例部署启动成功,实例运行过程中无法进行修改,且仅适用在部署阶段,后续的重启都不会运行,而元数据在 Nova 有独立的 RESTful API 接口,可在虚拟机运行过程中动态修改。

元数据在 OpenStack 中会放置在 meta 服务器上或者实例内部,分光驱方式和修改镜像方式,需要实例用户主动去获取,而用户数据则是由 cloudinit 软件执行,在实例部署时运行。

③服务器组:服务器组是定义的服务器组合,用来指定所创建的实例部署到哪个服务器组上。服务器组定义了一组虚拟机,它们可以被分配特定的属性,例如,一个服务器组的策略,因为可用性的要求,在这个组中的虚拟机不能被放置到同一个物理硬件上。

④scheduler hint:指定额外的调度策略,告诉使用 scheduler hint 向计算调度程序传递额外的放置信息。Nova 创建实例时会查看计算结点的资源使用状况,采用调度策略选择在哪个计算结点上部署实例,如果选择了 scheduler hint,调度程序不仅使用自身的调度策略,也要考虑 scheduler hint 指定的调度策略。

二、关联浮动地址

浮动 IP 地址一般工作在多个主机的集群中,每台主机除了自己的 IP 地址外,还会设置一个浮动 IP 地址。浮动 IP 地址与主机的服务(例如 HTTP 服务/邮箱服务)绑定在一起,当用户访问服务时是通过该浮动 IP 地址进行的,即应用服务在哪台机器上启动,浮动 IP 地址就在这台机器上激活,当集群中提供服务的主机宕机时,则会切换到集群中其他主机提供服务,这时,浮动 IP 地址就会和提供服务的主机绑定。

OpenStack 运用浮动 IP 地址的方式提供外部网络访问内部网络主机的方法,即 OpenStack 中的实例(主机)拥有自己的内部网络的 IP 地址,内部网络实例(主机)之间的通信均是通过内部网络的 IP 地址实现的。当外部网络中的用户要访问该实例(主机)时,要通过与该实例绑定的浮动 IP 地址实现。

1. 绑定浮动 IP 地址

选中要绑定浮动 IP 地址的实例,单击右边的"▼"按钮,可以看到下拉菜单中有"绑定浮动 IP"、"连接接口"、"分离接口"等 20 个命令。选中"绑定浮动 IP"命令,出现绑定浮动 IP 地址的窗口,如图 4 - 6 - 11 所示。

图 4 - 6 - 11　绑定浮动 IP

2. 关联浮动 IP

在弹出的"管理浮动 IP 的关联"窗口中,选择浮动 IP 地址,并管理内部网络中实例的 IP 地址,如图 4 - 6 - 12 所示。

图 4 - 6 - 12　关联浮动 IP

3. 查看浮动地址

完成关联浮动 IP 后,查看实例,可以看到实例已经有自己的内部网络 IP 地址,也有和自己关联的浮动 IP,如图 4 - 6 - 13 所示。

三、查看实例的运行

查看实例的运行可以通过 VNC 控制台直接查看,也可以通过 SSH 协议连接查看控制台。

图 4-6-13 绑定浮动 IP

1. 查看实例详细信息

在实例列表界面,单击实例"test_host1",可以查看实例的概况、日志、控制台、操作日志标签,如图 4-6-14 所示(注:图 4-6-14 只截取了一部分界面)。

图 4-6-14 实例概况信息

2. 查看 VNC 控制台登录实例

单击"控制台"标签,进入 VNC 控制台界面,如图 4-6-15 所示。

图 4-6-15 VNC 实例控制台界面

3. 通过 VNC 控制台登录实例

在控制台界面，输入实例操作系统的用户登录账户和密码，用"ls"命令显示根目录的文件，可以看出该镜像是一个袖珍的 Linux 操作系统，如图 4-6-16 所示。

图 4-6-16 登录实例控制台

巩固与思考

① 在互联网上收集 ovs-vsctl 命令，学习该命令有哪些子命令，有哪些功能？
② 根据创建实例过程，描述创建实例时镜像、规格、网络、安全组和密钥对的作用。

任务七 分析 OpenStack 二层网络桥接关系

学习目标

① 能查看 OpenStack 环境中（实例云主机）的端口；
② 能查看和分析 OpenStack 网络接口与实例（云主机）连接关系；
③ 能查看 OpenStack 二层网络的桥接关系；
④ 能总结 OpenStack 二层网络的交换机制，绘制网络虚拟化结构图；
⑤ 体验研究问题的快乐，养成良好工作习惯。

任务内容

本任务是利用 OpenStack 云平台查看网络端口，并运用控制主机和计算主机的网络接口信息分析网络虚拟化的桥接关系。

任务实施

利用 OpenStack 云平台查看网络端口，运用 brctl 和 ovs - ctl 命令查看控制主机和计算主机的网络接口信息，分析网络虚拟化的桥接关系。

一、查看云主机实例信息

用测试用户身份登录，选择“项目”→“计算”→“实例”命令，可以看到创建的云主机实例，如图 4 -7 -1 所示。

Displaying 2 items

□	实例名称	镜像名称	IP 地址	实例类型	密钥对	状态	可用域	任务	电源状态	创建后的时间	Actions
□	test_host2	cirros	192.168.11.112 浮动IP: 10.16.199.226	m1	test-key	运行	nova	无	运行中	2 月，2 周	创建快照 ▾
□	test-host1	cirros	192.168.11.111 浮动IP: 10.16.199.234	m1	test-key	运行	nova	无	运行中	2 月，2 周	创建快照 ▾

Displaying 2 items

图 4 -7 -1　查看云主机实例

可以看到两台云主机实例，分别是 test_ host1 和 test_ host2，IP 地址分别是 192. 168. 11. 111 和 192. 168. 11. 112，状态是正在运行中。

二、登录云主机实例控制台，查看网卡配置信息

1. 登录控制台，用 ifconfig 命令查看 test_host1 网卡配置信息

在图 4 -7 -1 所示界面中，单击 test_host1，出现 test_host1 界面信息，然后单击“控制台”按钮，可以看到 test_host1 的控制台界面，用户登录，命令行中输入 ifconfig 命令，出现如图 4 -7 -2 所示界面，可以看到该实例的网卡名称是 eth0，IP 地址是 192. 168. 11. 111，MAC 地址是 fa：16：3e：1d：ff：a5。

```
login as 'cirros' user. default password: 'cubswin:)'. use 'sudo' for root.
test-host1 login: cirros
Password:
$ ifconfig
eth0      Link encap:Ethernet  HWaddr FA:16:3E:1D:FF:A5
          inet addr:192.168.11.111  Bcast:192.168.11.255  Mask:255.255.255.0
          inet6 addr: fe80::f816:3eff:fe1d:ffa5/64 Scope:Link
          UP BROADCAST RUNNING MULTICAST  MTU:1450  Metric:1
          RX packets:39 errors:0 dropped:0 overruns:0 frame:0
          TX packets:110 errors:0 dropped:0 overruns:0 carrier:0
          collisions:0 txqueuelen:1000
          RX bytes:4451 (4.3 KiB)  TX bytes:8948 (8.7 KiB)

lo        Link encap:Local Loopback
          inet addr:127.0.0.1  Mask:255.0.0.0
          inet6 addr: ::1/128 Scope:Host
          UP LOOPBACK RUNNING  MTU:16436  Metric:1
          RX packets:0 errors:0 dropped:0 overruns:0 frame:0
          TX packets:0 errors:0 dropped:0 overruns:0 carrier:0
          collisions:0 txqueuelen:0
          RX bytes:0 (0.0 B)  TX bytes:0 (0.0 B)

$ _
```

图 4 -7 -2　查看 test_host1 网卡配置信息

2. 查看 test_host1 网卡配置文件

在控制台中用 vi/etc/network/interfaces 命令，可以看到 test_host1 的网卡配置文

件内容，可以看到该网卡地址分配是通过 DHCP 获取的，如图 4-7-3 所示。请先记住该信息，随后会分析该 test_host1 实例的 IP 地址是从哪里获取的。

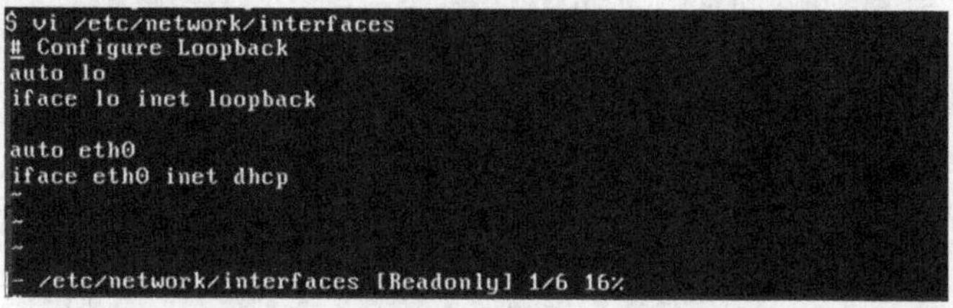

图 4-7-3 查看 test_host1 网卡配置文件

3. 查看 test_host2 网卡配置信息

采用同样的方法进入 test_host2 的控制台，用 ifconfig 命令查看 test_host2 网卡配置信息，如图 4-7-4 所示，可以看到该实例的网卡名称是 eth0，IP 地址是 192.168.11.112，MAC 地址是 fa：16：3e：f2：10：45。

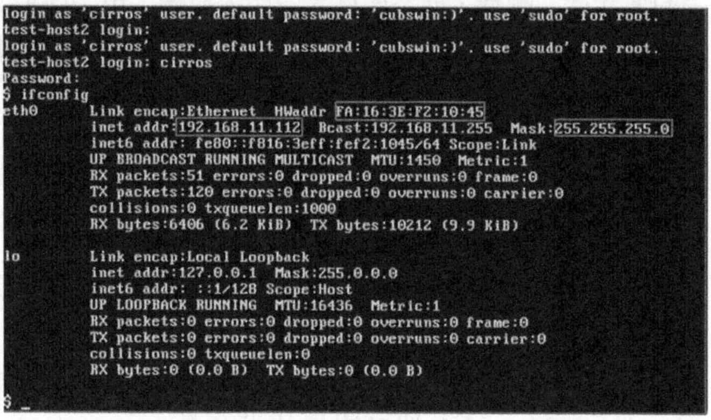

图 4-7-4 查看 test_host2 网卡配置信息

4. 查看 test_host2 网卡配置文件

在控制台中用 vi/etc/network/interfaces 命令，可以看到 test_host2 的网卡配置文件内容，和 test_host1 一样，该网卡地址分配是通过 DHCP 获取的，如图 4-7-5 所示。

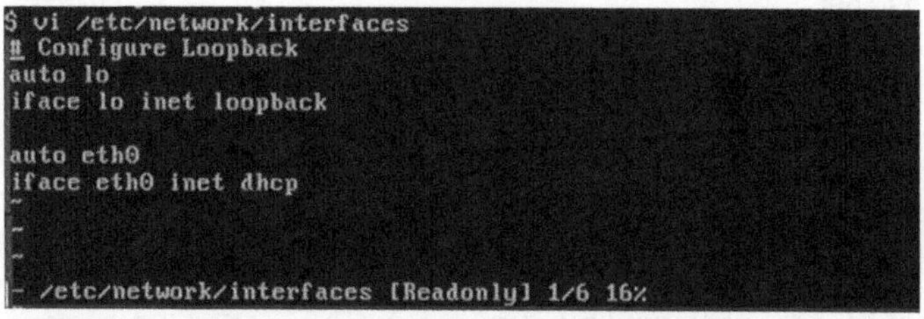

图 4-7-5 查看 test_host2 网卡配置文件

5. 测试两个实例之间的连通性

用 ping 192.168.11.111 命令，在 test_host2 上 ping 一下 test_host1，如图 4-7-6

所示，网络正常通信。

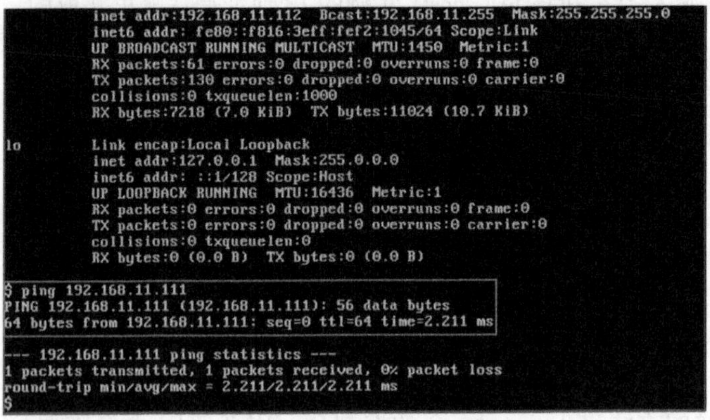

图4-7-6 实例之间连通性测试

至此，查看了 test_host1 和 test_host2 的网卡的 IP 地址、MAC 地址、网卡名称以及对应的网卡配置文件，测试了两个实例之间的连通性。由于网卡的 MAC 地址具有唯一性，随后分析网络信息时，可以看到两个实例的 MAC 地址与网络接口的关联，进一步分析 OpenStack 底层的网络桥接关系。

三、查看 OpenStack 网络端口

1. 查看 OpenStack 网络信息

用测试用户身份登录，选择"项目"→"网络"命令，然后在网络列表中选择 test_net 网络，在 test_net 网络的界面中单击"端口"标签，可以看到网络端口，如图4-7-7所示。可以看到端口名称、固定 IP、MAC 地址、连接设备和状态信息。其中有两个端口：d74c5694-13e1 端口连接的设备是 compute：nova，IP 地址是 192.168.11.111，MAC 地址是 fa：16：3e：1d：ff：a5，说明该端口是与 test_host1 连接的网络端口；另一个端口是 57010cc6-3b11，连接的设备是 compute：nova，IP 地址是 192.168.11.112，MAC 地址是 fa：16：3e：f2：10：45，说明该端口是与 test_host2 连接的网络端口。

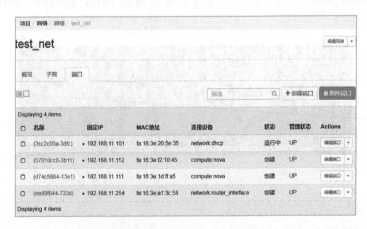

图4-7-7 test_net 网络端口

2. 查看 d74c5694-13e1 端口详细信息

在图 4-7-7 所示界面中，单击 d74c5694-13e1 端口，可以看到详细信息，如图 4-7-8 所示。

图 4-7-8　d74c5694-13e1 端口详细信息

从图 4-7-8 中可以看到 d74c5694-13e1 端口的 ID、MAC 地址、IP 地址，以及所属的网络、所属的项目等信息。

3. 查看 57010cc6-3b11 端口详细信息

在图 4-7-7 所示界面中，单击 57010cc6-3b11 端口，可以看到详细信息，如图 4-7-9 所示。

图 4-7-9　57010cc6-3b11 端口详细信息

从图4-7-9中可以看到57010cc6-3b11端口的ID、MAC地址、IP地址，以及所属的网络、所属的项目等信息。

通过查看OpenStack网络端口，可以确定d74c5694-13e1端口连接test_host1实例，57010cc6-3b11端口连接test_host2实例。

四、查看计算主机的网桥信息

1. 查看计算主机上Linux Bridge桥信息

在计算主机上，用brctl show命令显示Linux Bridge桥信息。

```
root@ computer: ~# brctl show
bridge name          bridge id             STP enabled    interfaces
brq7229c632-e0       8000.de2b3150c5db     no             vxlan-21
brq9cae7a7d-59       8000.ee7030eeb83f     no             vxlan-104
brqdd9b6e19-49       8000.ee62d28d76d9     no             vxlan-38
qbr3345a969-e7       8000.1e897e9c6753     no             qvb3345a969-e7
qbr57010cc6-3b       8000.d66638fb2afd     no             qvb57010cc6-3b
                                                          tap57010cc6-3b

qbrd1d0000e-df       8000.8ad81eb2eb7a     no             qvbd1d0000e-df
qbrd74c5694-13       8000.52cd96c15921     no             qvbd74c5694-13
                                                          tapd74c5694-13

virbr0               8000.525400e42f36     yes            virbr0-nic
```

Linux Bridge信息用蓝色字体显示，其中一个桥的名称是qbrd74c5694-13，该桥有两个接口，分别是qvbd74c5694-13和tapd74c5694-13。注意观察一下，桥qbrd74c5694-13的名称就是在网络端口d74c5694-13e1的前面冠上qbr前缀而成，说明桥qbrd74c5694-13是和test_host1关联的，也就是说test_host1是和桥qbrd74c5694-13连接在一起的。

其中另一个桥的名称是qbr57010cc6-3b，该桥有两个接口，分别是qvb57010cc6-3b和tap57010cc6-3b，说明test_host2是和桥qbr57010cc6-3b连接在一起的。

2. 查看计算主机上的网络接口

用ifconfig命令在计算主机上查看网络接口。

```
root@ computer: ~# ifconfig -a |more
...
tapd74c5694-13 Link encap: Ethernet HWaddr fe: 16: 3e: 1d: ff: a5
          inet6 addr: fe80:: fc16: 3eff: fe1d: ffa5/64 Scope: Link
          UP BROADCAST RUNNING MULTICAST MTU: 1450 Metric: 1
          RX packets: 129 errors: 0 dropped: 0 overruns: 0 frame: 0
          TX packets: 59 errors: 0 dropped: 0 overruns: 0 carrier: 0
```

```
            collisions:0 txqueuelen:1000
            RX bytes:10474 (10.4 KB) TX bytes:6047 (6.0 KB)
...
tap57010cc6-3b Link encap:Ethernet HWaddr fe:16:3e:f2:10:45
            inet6 addr:fe80::fc16:3eff:fef2:1045/64 Scope:Link
            UP BROADCAST RUNNING MULTICAST MTU:1450 Metric:1
            RX packets:133 errors:0 dropped:0 overruns:0 frame:0
            TX packets:67 errors:0 dropped:0 overruns:0 carrier:0
            collisions:0 txqueuelen:1000
            RX bytes:11206 (11.2 KB) TX bytes:7670 (7.6 KB)
...
```

其中可以看到有一个 tapd74c5694-13 接口，对应的 MAC 地址是 fe:16:3e:1d:ff:a5，现在与图 4-7-2 对比一下，发现 test_host1 实例 eth0 网卡的 MAC 地址也是 fe:16:3e:1d:ff:a5，说明了 test_host1 实例 eth0 网卡在计算主机中对应的网络接口是 tapd74c5694-13。结合在计算主机中 brctl show 命令显示信息，桥 qbrd74c5694-13 上的 tapd74c5694-13 接口信息，进一步验证了 test_host1 实例在本实例中表现为 eth0 网卡的接口在计算主机中表现为 tapd74c5694-13 接口，并且该接口与桥 qbrd74c5694-13 相连接。

同样进行分析可以断定 test_host2 实例在本实例中表现为 eth0 网卡的接口在计算主机中表现为 tap57010cc6-3b 接口，并且该接口与桥 qbr57010cc6-3b 相连接。

3. 绘制 test_host1 和 test_host2 桥接结构

根据计算主机上的网桥和接口的逻辑关系，绘制 test_host1 和 test_host2 桥接结构，如图 4-7-10 所示。

从图 4-7-10 test_host1 和 test_host2 桥接结构上看，每一个实例创建了自己的 Linux Bridge 网桥，其中 tap...xx 接口连接云主机实例。细心的读者已经发现，该 Linux Bridge 网桥中的 tap...xx 接口连接云主机实例，另一个 qvb...xx 接口连接哪里呢？后面将进一步分析。

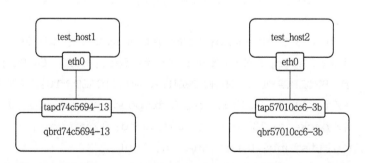

图 4-7-10　test_host1 和 test_host2 桥接结构

五、分析 Open vSwitch 集成网桥

1. 用 ifconfig 命令在计算主机上查看计算结点的 br－int 接口

root@ computer：~# ifconfig－a |more

br－int　　Link encap：Ethernet HWaddr b2：fe：4d：38：2c：49
　　　　　BROADCAST MULTICAST MTU：1450 Metric：1
　　　　　RX packets：0 errors：0 dropped：208 overruns：0 frame：0
　　　　　TX packets：0 errors：0 dropped：0 overruns：0 carrier：0
　　　　　collisions：0 txqueuelen：1
　　　　　RX bytes：0 (0.0 B) TX bytes：0 (0.0 B)

…

这个是 Open vSwitch 集成网桥，在计算结点中以接口的方式存在的。

2. 用 ifconfig 命令在计算主机上查看 tap…xx 和 qvo…xx 接口

root@ computer：~# ifconfig－a |more

…

qvo57010cc6－3b Link encap：Ethernet HWaddr 86：aa：2c：44：9a：17
　　　　　inet6 addr：fe80：：84aa：2cff：fe44：9a17/64 Scope：Link
　　　　　UP BROADCAST RUNNING PROMISC MULTICAST MTU：1450 Metric：1
　　　　　RX packets：141 errors：0 dropped：0 overruns：0 frame：0
　　　　　TX packets：225 errors：0 dropped：0 overruns：0 carrier：0
　　　　　collisions：0 txqueuelen：1000
　　　　　RX bytes：11854 (11.8 KB) TX bytes：19294 (19.2 KB)

…

qvod74c5694－13 Link encap：Ethernet HWaddr d6：b0：74：ff：78：15
　　　　　inet6 addr：fe80：：d4b0：74ff：feff：7815/64 Scope：Link
　　　　　UP BROADCAST RUNNING PROMISC MULTICAST MTU：1450 Metric：1
　　　　　RX packets：137 errors：0 dropped：0 overruns：0 frame：0
　　　　　TX packets：217 errors：0 dropped：0 overruns：0 carrier：0
　　　　　collisions：0 txqueuelen：1000
　　　　　RX bytes：11122 (11.1 KB) TX bytes：18295 (18.2 KB)

…

qvbd74c5694－13 Link encap：Ethernet HWaddr 52：cd：96：c1：59：21
　　　　　inet6 addr：fe80：：50cd：96ff：fec1：5921/64 Scope：Link
　　　　　UP BROADCAST RUNNING PROMISC MULTICAST MTU：1450 Metric：1
　　　　　RX packets：217 errors：0 dropped：0 overruns：0 frame：0
　　　　　TX packets：137 errors：0 dropped：0 overruns：0 carrier：0
　　　　　collisions：0 txqueuelen：1000
　　　　　RX bytes：18295 (18.2 KB) TX bytes：11122 (11.1 KB)

…

```
qvb57010cc6-3b Link encap：Ethernet HWaddr d6：66：38：fb：2a：fd
         inet6 addr：fe80：：d466：38ff：fefb：2afd/64 Scope：Link
         UP BROADCAST RUNNING PROMISC MULTICAST MTU：1450 Metric：1
         RX packets：225 errors：0 dropped：0 overruns：0 frame：0
         TX packets：141 errors：0 dropped：0 overruns：0 carrier：0
         collisions：0 txqueuelen：1000
         RX bytes：19294 (19.2 KB) TX bytes：11854 (11.8 KB)
...
```

在计算结点上利用 ifconfig 命令可以看到很多网络接口，其中有 qvo57010cc6-3b、qvod74c5694-13、qvb57010cc6-3b、qvbd74c5694-13 接口，下面进一步分析这些接口。

3. 用 ovs-vsctl show 命令在计算主机上查看 Open vSwitch 桥接信息

```
root@ computer：~# ovs-vsctl show |more
02c7925f-9621-4b40-88b7-7f91184b15c1
    Manager "ptcp：6640：127.0.0.1"
        is_connected：true
    Bridge br-int
        Controller "tcp：127.0.0.1：6633"
            is_connected：true
        fail_mode：secure
        ...
        Port "qvo57010cc6-3b"
            tag：1
            Interface "qvo57010cc6-3b"
        ...
        Port "qvod74c5694-13"
            tag：1
            Interface "qvod74c5694-13"
```

用 ovs-vsctl show 命令在计算主机上查看 Open vSwitch 桥接信息时，发现在 Bridge br-int 上有 qvod74c5694-13 和 qvo57010cc6-3b 端口，可以肯定的是，这两个端口就是连接 Linux Bridge 网桥的端口。其中 qvod74c5694-13 与 qbrd74c5694-13 网桥的 qvbd74c5694-13 接口相连，进而与 test_host1 相连，同样端口 qvo57010cc6-3b 与 qbr57010cc6-3b 网桥的 qvb57010cc6-3b 接口相连，进而与 test_host2 相连。

4. 绘制 test_host1 和 test_host2 桥接关系图

通过 Bridge br-int 端口、Linux Bridge 网桥的端口，以及计算主机上用 ifconfig 显示的接口，网络桥接关系基本清晰，下面画出 test_host1 和 test_host2 桥接关系图，如图 4-7-11 所示。

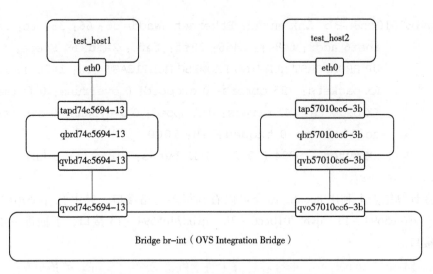

图 4-7-11　test_host1 和 test_host2 桥接关系图

在 test_host1 的桥接结构中，qvod74c5694-13 与 qbrd74c5694-13 网桥的 qvbd74c5694-13 接口相连，它们之间实际是一对 veth 连接，同样 qvo57010cc6-3b 与 qvb57010cc6-3b 也是一对 veth 连接。在 OpenStack 虚拟化的网络中，大量使用了 veth 连接，通过 veth 实现不同设备的连接。

六、分析 DHCP 服务实现

在 test_host1 控制台中，用 vi/etc/network/interfaces 查看时，test_host1 的 eth0 网卡的 IP 地址分配方式是通过 DHCP 实现的，如图 4-7-3 所示。

1. 查看 DHCP 端口

在网络端口界面（见图 4-7-7），单击 3cc2c00a-3dfc 端口，出现详细信息，如图 4-7-12 所示。

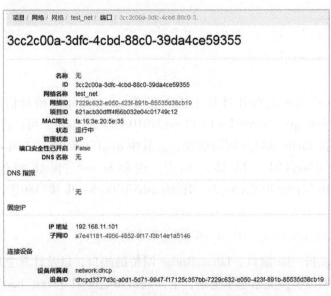

图 4-7-12　DHCP 端口详细信息

从端口详细信息上可以看出该端口的 IP 地址、MAC 地址、端口设备属于 network：dhcp，说明该端口正是连接 DHCP 服务的端口。

2. 查看控制结点 br-int 上的 3cc2c00a-3dfc 接口

在控制结点上用 ovs-vsctl show 命令显示信息。
root@ controller：~# ovs-vsctl show
......
    Bridge br-int
    ......
        Port "tap3cc2c00a-3d"
            tag：2
            Interface "tap3cc2c00a-3d"
                type：internal

发现在 br-int 集成网桥上有 tap3cc2c00a-3d 端口，该端口就是连接 DHCP 设备的。

3. 画出逻辑结构图

根据连接关系，DHCP 服务在 br-int 集成网桥上有 tap3cc2c00a-3d 端口运行，如图 4-7-13 所示。

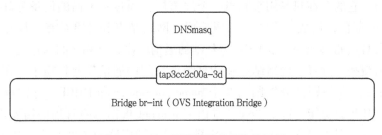

图 4-7-13　DHCP 服务桥接关系图

实际上 DHCP 服务是通过 DNSmasq 为实例提供 DHCP 服务的。DNSmasq 是一个提供 DHCP 和 DNS 服务的开源软件。DNSmasq 与 Network 是一对一关系，可以为同一网络中所有子网提供服务。

七、OpenStack Neutron 中的 tap、qvb、qvo 解析

1. Linux Host 侧使用的网络元素简介

Linux 主要使用以下几种设备模型：Bridge、tap、veth、VLAN。

①Bridge 设备是基于内核实现的二层数据交换设备，其作用类似于物理网络中的二级交换机。

②tap 设备是一种工作在二层协议的点对点网络设备，每一个 tap 设备都有一个对应的 Linux 字符设备，用户程序可以通过对字符设备的读写操作，完成与 Linux 内核网络协议栈的数据交换工作，在虚拟化环境中经常被模拟器使用。

③veth 设备是一种成对出现的点对点网络设备，从一端输入的数据会从另一端改变方向输出，通常用于改变数据方向，或连接其他网络设备。

④VLAN 设备是 Linux 对 802.1.Q VLAN 技术的部分实现，主要完成对 802.1.Q

VLAN Tag 的处理。

2. OpenStack Neutron 中的 tap、qbr、br-int、br-tum、br-ex、qvb、qvo

①tap 设备。tap 是一个虚拟网络内核驱动，该驱动实现 Ethernet 设备，并在 Ethernet 框架级别操作。tap 驱动提供了 Ethernet "tap"，访问 Ethernet 框架能够通过它进行通信。或者说 tap 设备是一个 Linux 内核虚拟化出来的一个网络接口。

②qbr 设备。qbr 是一个 Linux Bridge。Open vSwitch 不支持现在的 OpenStack 的实现方式，因为 OpenStack 是把 iptables 规则丢在 tap 设备中，以此实现了安全组功能。所以用了一个折中的方式，在中间加一层，用 Linux Bridge 来实现，这样，就多了一个 qbr 网桥。在 qbr 上面还存在另一个设备，是一个 tap 设备，通常以 qvb 开头，和 br-int 上的 qvo 设备连接在一起，形成一个连接通道，使得 qbr 和 br-int 之间顺畅通信。

③br-int。br-int 是由 Open vSwitch 虚拟化出来的网桥，但事实上它充当虚拟交换机的功能。br-int 的主要职责就是把它所在的计算结点上的 VM 都连接到它这个虚拟交换机上面，然后利用下面要介绍的 br-tun 的穿透功能，实现不同计算结点上的 VM 连接在同一个逻辑上的虚拟交换机的功能。

④br-tun。br-tun 是 Open vSwitch 虚拟化出来的网桥，但是它不是用来充当虚拟交换机的，它的存在只是用来充当一个通道层，通过它上面的设备与其他物理机上的 br-tun 通信，构成一个统一的通信层。网络结点和计算结点、计算结点和计算结点会点对点的形成一个以 GRE 为基础的通信网络，互相之间通过这个网络进行大量的数据交换。这样，网络结点和计算结点之间的通信就此打通了。在网络结点上还有 2 个 tap 设备则是分别归属两个 namespacerouter 和 DHCP，它们承担的就是 Router 和 DHCP 的功能。这个 Router 是由 l3-agent 根据网络管理的需要而创建的，然后，该 Router 就与特定一个子网绑定到一起，管理这个子网的路由功能。Router 实现路由功能，则是依靠在该 namespace 中的 iptables 实现的。DHCP 则也是 l3-agent根据需要针对特定的子网创建的，在这个 namespace 中，l3-agent 会启动一个 DNSmasq 的进程，由它来实际掌管该子网的 DHCP 功能。由于这两个 namespace 都是针对特定的子网创建的，因而在现有的 OpenStack 系统中，它们常常是成对出现的。

⑤br-ex。当数据从 Router 中路由出来后，就会传送到 br-ex 这个虚拟网桥上，而 br-ex 实际上是混杂模式加载在物理网卡上，实时接收着网络上的数据包。计算结点上的 VM 就可以与外部的网络进行自由的通信了。当然，前提是要给这个 VM 已经分配了 float-ip。

⑥qvb 和 qvo 设备。qvb 是 qbr 网桥上的端口，qvo 是 br-int 集成网桥上的端口，它们之间实际是一对 veth 连接，相当一根网线将 qvb 端口和 qvo 端口连接一起，从而实现 qbr 网桥与 br-int 网桥连接。

3. Open vSwitch：Self-service networks 网络结构

图 4-7-14 是 https://docs.openstack.org 官网关于 Open vSwitch：Self-service networks 网络架构图，显示了自助服务网络和一个无标记（平面）提供商网络的组件和连接关系，通过该图可以清晰理解 Open vSwitch 网络架构。

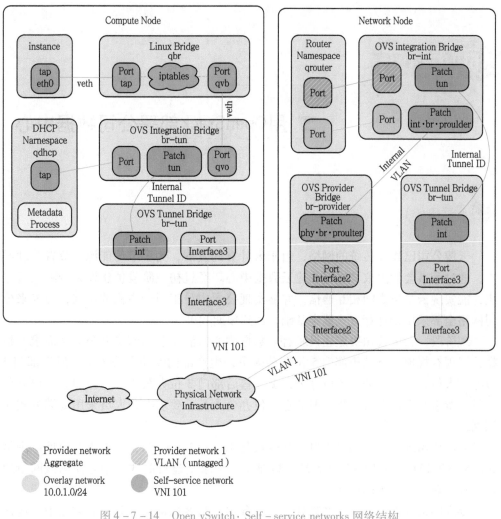

图 4-7-14 Open vSwitch：Self-service networks 网络结构

巩固与思考

①在互联网上收集 ovs-vsctl 命令，学习该命令有哪些子命令，有哪些功能，并结合 ifconfig 命令，理解网络接口的连接关系。

②结合图 4-7-14 理解网络、网桥关系、veth 连接，将你的认识描述出来，将你的疑点记录下来，通过互联网进行分析和解答。

项目五 用OpenStack部署公司数据中心

 项目情景

云涛公司已建设传统的网络，由于云计算的发展，为了节约能源，节省管理成本，通过董事会的决议，决定创建云数据中心。经过初级阶段预建设2台测试云主机，能实现云主机之间相互通信，并能实现公司内员工对云主机的访问，为未来公司网络全部采用云计算方式奠定基础，达到预期效果。

现阶段，云涛公司决定建设私有云数据中心，满足公司网络办公应用需求。根据公司现有规模，有销售部门5位办公人员，生产部门5位办公人员，研发部门3位办公人员，公司办公室3位办公人员，售后部门3位办公人员，经理室3位办公人员，董事会3位办公人员，财务室3位办公人员，要求办公人员采用终端方式使用网络。

云涛公司现有传统网络提供公共网段是10.16.199.0/24，能提供的地址范围是10.16.199.131/24～10.16.199.253/24地址，要求新建设的数据中心使用该网段地址，提供对公司员工的访问。

要求网络施工员从项目经理处获取任务单，与客户沟通，完成云数据中心构建并进行测试，交付客户验收确认。

项目目标

①了解云涛公司云数据中心构建工作任务；
②能了解云数据中心特点；
③能描述云数据中心和传统数据中心的区别；
④能描述云计算结点和云数据中心的关系；
⑤能说出OpenStack工作界面的作用；
⑥能归纳项目project的应用，能根据需求创建项目；
⑦能运行OpenStack环境，根据需求创建用户和用户组；
⑧能归纳云计算环境下的网络含义，能创建和运用网络；
⑨能归纳云计算环境下的路由含义，能创建和运用路由；
⑩能解释安全组功能，能使用安全组保护云主机；
⑪能在OpenStack环境中利用ping测试网络连通性；

⑫根据云涛公司数据中心的构建，验收工程，编写云涛公司云数据中心构建说明书；
⑬锻炼学生沟通、表达、合作能力，提升职业素养，养成乐观、积极向上的生活态度。

任务一 制订计划

学习目标

①能描述云计算环境下创建数据中心要素；
②熟悉网络命名方法，能完成网络的命名设计；
③制订云计算环境下创建云数据中心步骤；
④能完成数据中心网络、主机结点规划设计；
⑤提高与人合作、沟通能力。

任务内容

本任务是分析公司云数据中心构建需求，设计构建云数据中心方案，完成公司云数据中心构建计划的制订。

任务实施

一、根据项目情境，分析主要工作任务

根据云涛公司项目情景描述，满足用户需求主要完成的任务如下：
①设计和创建项目。
②网络和路由规划和实施。
③创建客户云主机。
④客户主机运行和测试。

二、云数据中心构建规划与设计

1. 项目规划设计

根据 OpenStack 部署云数据中心的技术实现方法，需要规划项目资源，部门命名，网络规划，路由规划，主机实例规划信息。
（1）项目名称设计
项目名称设计的原则是简单、明了，能体现租户信息。经与客户沟通，协商同意，将本项目命名为 ytdc。
（2）项目资源配额规划
项目资源配额规划主要是根据用户的需求，满足用户需求情况下设计给用户提供的资源情况，主要有卷与卷快照数量，卷与卷快照的总量，安全组及安全组规则数量，网络、子网、网络端口数量，路由数量，浮动地址数量等配额。

根据云涛公司的需求，当前部门数量是 8 个，用户数量是 28 人。用户使用云主机的目的主要是用来办公，每个用户的硬件资源需求并不需要很高，考虑公司的未来发展，可以进行短期规划。按照公司所处的行业发展状况，每年按照 20% 增长，进行 5 年的发展目标设计，部门数量增加按照 16 个设计，员工人数按照大于 60 人左右设计，根据用户的发展需求还可以弹性调整。

根据分析，可以按照表 5-1-1 进行设计。

表 5-1-1　项目配额设计

序号	配额项	数量	需求说明
1	卷	60	按照每用户 1 个卷设计
2	卷快照	60	按照每用户 1 个卷快照设计
3	卷及快照总大小/GB	2 000	
4	安全组	20	相同部门需求基本一致，考虑特殊情况进行余量设计
5	安全组规则	100	100 个安全组规则能满足需求
6	浮动 IP	60	按照每用户 1 个浮动地址设计
7	网络	16	按照每部门 1 个网络设计
8	端口	20	满足网络数量并设计余量
9	路由	1	连接外网和业务内网
10	子网	16	按照每部门 1 个子网设计

2. 公司部门命名设计

命名需要整体规划，通盘考虑公司数据中心名称、部门名称、主机名称等，基本原则是清晰易懂、简洁、能代表含义。本任务是对公司的部门命名进行设计，经过与公司负责人充分沟通，根据公司的需求，参考公司负责人的建议，公司的命名按照表 5-1-2 进行设计。

表 5-1-2　公司部门命名设计

序号	部门	命名	备　注
1	销售部	xs	
2	生产部	sc	
3	研发部	yf	
4	公司办	gsb	
5	售后部	sh	
6	经理办	jlb	
7	董事会	dsh	
8	财务部	cw	

3. 云数据中心用户、用户组和角色命名设计

由于公司不同部门的业务不同，用户的工作权限、网络使用权限、数据资源的

使用权限都会有所不同,需要对不同部门的用户进行分类,组成用户组,并分配不同的角色。因此,需要设计一个更加合理、高效、管理便利的逻辑组织关系。公司有 8 个部门,按照一个部门的用户组成一个组,每个组分配一个角色实现,具体如表 5-1-3 所示。

表 5-1-3 云数据中心用户、用户组和角色命名设计

序号	部门	用户组命名	用户命名	角色命名
1	销售部	xs_group	xs_user01 ~ xs_user10	xs_role
2	生产部	sc_group	sc_user01 ~ sc_user10	sc_role
3	研发部	yf_group	yf_user01 ~ yf_user10	yf_role
4	公司办	gsb_group	gsb_user01 ~ gsb_user10	gsb_role
5	售后部	sh_group	sh_user01 ~ sh_user10	sh_role
6	经理办	jlb_group	jlb_user01 ~ jlb_user10	jlb_role
7	董事会	dsh_group	dsh_user01 ~ dsh_user10	dsh_role
8	财务部	cw_group	cw_user01 ~ cw_user10	cw_role

此处用户组命名设计采用部门的名称加上 group 后缀实现。用户命名的设计采用部门名称加上 user×× 实现,即 user01,user02,user03,以此类推,当前公司用户数量较少,暂设计从 user01 到 user10,共 10 个用户。随着公司的发展,可以继续扩展。角色命名的设计采用部门名称加上 role 实现,为每个组设计一个对应的角色,不过当前 OpenStack 还不能对角色进行编辑,设计细节,随着 OpenStack 的发展,实现的功能会越来越丰富。

4. 云数据中心安全组和密钥对命名设计

安全组的功能实现对租户云主机(实例)进行安全保护,密钥实现用户的免密登录。由于同一个部门的安全属性、安全需求类似,可以采用一个部门设计一个安全组实现。密钥对设计根据公司的需求,大多习惯采用密码登录,可以按照一个部门设计一个密钥对,针对用户的特殊需求,其他用户可以采用密码登录,如果以后有特殊需求,云管理员再创建密钥对满足用户的需求。因此,数据中心安全组和密钥对命名设计如表 5-1-4 所示。

表 5-1-4 云数据中心安全组和密钥对命名设计

序号	部门	安全组命名	密钥对命名
1	销售部	xs_sec_group	xs_key
2	生产部	sc_sec_group	sc_key
3	研发部	yf_sec_group	yf_key
4	公司办	gsb_sec_group	gsb_key
5	售后部	sh_sec_group	sh_key
6	经理办	jlb_sec_group	jlb_key
7	董事会	dsh_sec_group	dsh_key
8	财务部	cw_sec_group	cw_key

此处安全组命名的设计采用部门名称加上 sec_group 后缀实现,密钥对命名的设计采用部门名称加上 key 后缀实现。

5. 云数据中心网络设计和命名设计

网络设计是对公司的网络逻辑拓扑的设计。由于公司当前规模不大,设计一个虚拟路由器与外部网络相连,每个部门设计一个网络,每个部门的网络暂设计一个子网实现。以后随着公司的发展,管理员也可方便在现在有网络上扩展。

网络命名设计包括路由名称、网络名称以及子网名称的设计。路由名称设计采用项目名称加上 Router 实现,因此数据中心路由的命名为 yt_router,网络名称采用部门名称加上 net 实现,子网名称采用部门名称加上 net1 实现。如果以后需要更多的网络,可增加序号实现,具体如表 5-1-5 所示。

表 5-1-5 云数据中心网络命名设计

序号	部门	网络名称	子网名称
1	销售部	xs_net	xs_net1
2	生产部	sc_net	sc_net1
3	研发部	yf_net	yf_net1
4	公司办	gsb_net	gsb_net1
5	售后部	sh_net	sh_net1
6	经理办	jlb_net	jlb_net1
7	董事会	dsh_net	dsh_net1
8	财务部	cw_net	cw_net1

6. 云数据中心网络地址规划设计

云数据中心用户使用的地址属于内部地址,可以采用私有地址实现。由于当前公司规模不大,采用 C 类私有地址 10.10.*.*/24 实现,网关使用本网段的最大地址实现,地址的范围暂定义该网段的 101~200 分配给用户使用,以后需要扩展可以更改,其他地址暂保留,DNS 采用电信的 DNS 地址 202.96.128.166。具体设计如表 5-1-6 所示。

表 5-1-6 云数据中心网络地址规划设计

部门	网络名称	子网名称	网络地址	网关	分配地址范围	DNS
销售部	xs_net	xs_net1	10.10.61.0/24	10.10.61.254	10.10.61.101~10.10.61.200	202.96.128.166
生产部	sc_net	sc_net1	10.10.62.0/24	10.10.62.254	10.10.62.101~10.10.62.200	202.96.128.166
研发部	yf_net	yf_net1	10.10.63.0/24	10.10.63.254	10.10.63.101~10.10.63.200	202.96.128.166
公司办	gsb_net	gsb_net1	10.10.64.0/24	10.10.64.254	10.10.64.101~10.10.64.200	202.96.128.166

续表

部门	网络名称	子网名称	网络地址	网关	分配地址范围	DNS
售后部	sh_net	sh_net1	10.10.65.0/24	10.10.65.254	10.10.65.101~10.10.65.200	202.96.128.166
经理办	jlb_net	jlb_net1	10.10.66.0/24	10.10.66.254	10.10.66.101~10.10.66.200	202.96.128.166
董事会	dsh_net	dsh_net1	10.10.67.0/24	10.10.67.254	10.10.67.101~10.10.67.200	202.96.128.166
财务部	cw_net	cw_net1	10.10.68.0/24	10.10.68.254	10.10.68.101~10.10.68.200	202.96.128.166

7. 云数据中心云主机命名设计

云主机命名主要是方便区分每一台云主机实例，方便管理和维护。根据云主机的名称就可以判断出是哪个部门的实例，命名的原则仍是易懂、易辨认。这里云主机的命名采用部门名称加上 host∗ 实现，可以是 host-1，host-2，host-3 等，具体设计如表 5-1-7 所示。

表 5-1-7 云数据中心云主机命名设计

序号	部门	云主机命名	备注
1	销售部	xs_host-1	目前 5 台，随部门云主机数量增加，增加序号
2	生产部	sc_host-1	目前 5 台，随部门云主机数量增加，增加序号
3	研发部	yf_host-1	目前 3 台，随部门云主机数量增加，增加序号
4	公司办	gsb_host-1	目前 3 台，随部门云主机数量增加，增加序号
5	售后部	sh_host-1	目前 3 台，随部门云主机数量增加，增加序号
6	经理办	jlb_host-1	目前 3 台，随部门云主机数量增加，增加序号
7	董事会	dsh_host-1	目前 3 台，随部门云主机数量增加，增加序号
8	财务部	cw_host-1	目前 3 台，随部门云主机数量增加，增加序号

8. 制订公司云数据中心实施计划

制订公司云数据中心实施计划，能根据该计划，在 OpenStack 云平台上操作实现。创建云数据中心不同部门具体的云主机（实例），能运行云主机，测试云主机，达到验收标准。

基本流程如下［步骤（1）~（6）以管理员身份操作，其余用创建的用户操作实现］：

①登录 OpenStack 系统，熟悉工作界面。
②创建项目，并配置项目配额。
③创建角色。
④创建用户。
⑤创建用户组，并将用户加入用户组中。

⑥编辑项目成员,将用户添加到项目组中。
⑦创建虚拟网络。
⑧创建路由。
⑨生成密钥对。
⑩创建安全组,并设置安全规则。
⑪启动实例。
⑫VNC 连接实例。
⑬终端连接实例。
⑭启动另一个实例。
⑮测试实例之间的连通性。
⑯书写测试报告。

巩固与思考

①本任务网络设计中采用一台虚拟路由器实现,可否设计多台虚拟路由器实现？另外,本任务中网络设计中设计了多个网络,是否可以设计一个网络,然后通过设计多个子网来实现。

②通过互联网等手段,收集云数据中心网络命名、用户命名的原则和方法,对本任务设计提出建议。

任务二 创建数据中心项目、用户、用户组和角色

学习目标

①能创建项目并修改项目配额参数;
②能创建用户并修改用户属性参数;
③能创建用户组并设置用户组参数;
④能创建角色并能与用户关联;
⑤能整理操作过程,总结最佳实践。

任务内容

本任务是根据数据中心云系统建设需求,运用 OpenStack 云平台完成创建和修改数据中心项目、用户、用户组及角色的信息。

任务实施

根据本项目中的任务一制订的实施计划以及项目、用户、用户组、角色的设计,按照计划的步骤完成项目、用户、用户组及角色的创建。

一、创建项目和修改项目配额

具体创建项目的过程如下：

1. 打开项目标签

以管理员（admin）身份登录，单击"身份管理"选项卡，然后单击"项目"按钮，如图 5-2-1 所示，可以看到"项目"标签窗口。

图 5-2-1　"项目"标签窗口

2. 创建项目

单击右上角的"创建项目"按钮，弹出"创建项目"窗口，按照规划的名称填入项目名称，并在"描述"文本框中对项目进行简单的描述，如图 5-2-2 所示。

图 5-2-2　"创建项目"窗口

3. 完成创建

单击"创建项目"窗口右下角的"创建项目"按钮后，就可以看到刚创建的项目了，如图 5-2-3 所示。

图 5-2-3 完成创建项目

4. 修改项目配额

项目创建完成后，可以根据公司对计算、存储和网络等资源的需求对项目的配额进行修改。

选中刚创建的项目，在右边的下拉菜单中选择"修改配额"命令，出现修改配额窗口，具体如图 5-2-4 所示。

图 5-2-4 修改项目配额

二、创建和查看组

组是具有相同或者相近属性的 OpenStack 用户集合，是对组织内部用户的分类。本任务中共 8 个部门，每个部门创建 1 个组，共创建 8 个组。

1. 创建组

创建组需要输入组的名称及对组的描述。这里以创建销售部组为例，根据规划输入 xs_group 名称，描述部分填写"销售部用户组"，具体如图 5-2-5 所示。

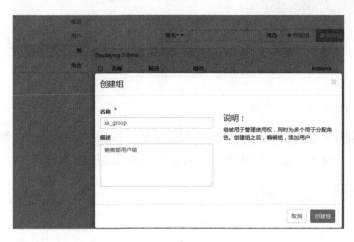

图 5-2-5 创建组

2. 创建组完成

单击"创建组"窗口右下角的"创建组"按钮，系统会创建组，具体如图 5-2-6 所示。通过同样的方法创建其他部门的用户组。

图 5-2-6 创建组完成

三、创建和查看角色

一个角色（Role）是应用于某个租户的使用权限集合。这里每个部门设计 1 个用户角色，因此，需要创建每个组对应的角色。

1. 创建角色

创建角色的过程比较简单。输入角色的名称，根据规划，以创建销售部的角色为例，角色名称输入 xs_role，具体如图 5-2-7 所示。

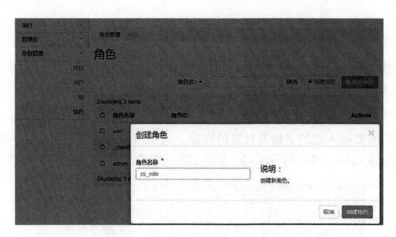

图 5-2-7 创建角色

2. 查看创建角色完成结果

单击"创建角色"窗口右下角的"创建角色"按钮，系统会创建角色，具体结果如图 5-2-8 所示。通过同样的方法创建其他部门的用户角色。

图 5-2-8 创建角色完成

四、创建和查看用户

用户是代表可以通过 Keystone 认证进行访问 OpenStack 资源的人或程序，OpenStack 以用户的形式来授权服务给它们。本任务中共 8 个部门，每个部门又有多个用户，分别创建每个用户。

1. 创建用户

创建用户需要输入用户名、邮箱、密码、用户所在的项目信息，最后单击右下角的"创建用户"按钮。根据前面规划输入相关属性。这里以创建 xs_user01 为例说明，具体如图 5-2-9 所示。

注意：这里的主项目选择前面已创建的 ytdc，角色选择已创建的角色 xs_role。

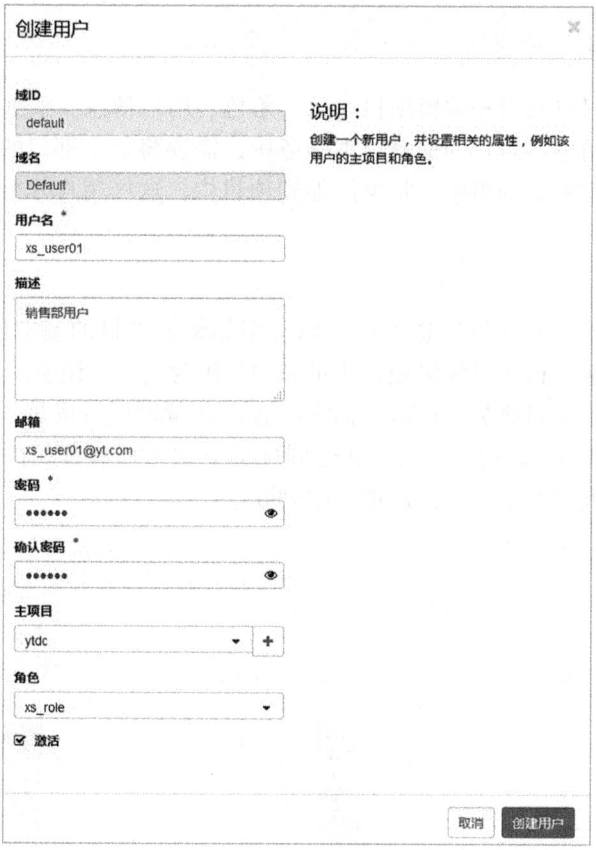

图 5-2-9　创建用户

2. 查看创建完成后结果

创建用户完成后，可以在用户列表中查看新建的用户，如图 5-2-10 所示。通过同样的方法创建所有部门的用户。

图 5-2-10　创建完成的用户

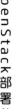

项目五　用OpenStack部署公司数据中心

五、查看和编辑项目、组、角色、用户

任何时间都可以查看和编辑项目、组、角色、用户信息。根据公司的需求可以调整项目、组、角色、用户的关系。本任务中,需要将每个部门的用户添加到对应的项目中,将用户添加到组中,将组添加到项目中,这样用户才可以使用项目中的资源。

1. 查看和编辑项目

任何时间都可以对项目信息进行编辑。例如编辑项目的基本信息、项目成员、项目组和项目配额,这里以编辑项目成员和项目组为例进行说明。

①查看和编辑项目成员。可以根据需要查看和编辑项目成员,将销售部用户添加到项目中,如图5-2-11所示。通过同样的方法将所有部门的用户添加到项目中,当然也可在此界面中将用户从项目中删除。

图5-2-11 查看和编辑项目成员

②查看和编辑项目组。可以根据需要查看和编辑项目组。通过单击"+"和"-"按钮实现添加和删除。这里将销售部组和生产部组添加到项目中,如图5-2-12所示。

2. 查看和编辑组

可以根据需要查看和编辑组。这里以向xs_group组内添加xs_user01用户为例说明。单击"组"标签,然后单击右上角"添加用户"按钮,出现添加组成员窗口,然后选中要添加的用户xs_user01和xs_user02,单击"添加用户"按钮,如图5-2-13所示。

图 5-2-12　查看和编辑项目组

图 5-2-13　向组内添加用户

添加完成后出现图 5-2-14 所示界面。通过同样的方法将所有部门的用户添加到对应的组中。

图 5-2-14　添加完成

3. 查看和编辑用户

可以根据需要查看和编辑用户。目前只能对基本信息和所属的项目进行编辑。单击"用户"标签，选中要编辑的用户，然后单击右边的"编辑"按钮，出现编辑界面，如图 5-2-15 所示。

图 5-2-15　查看和编辑用户信息

巩固与思考

①查阅本书安装和配置 OpenStack 认证服务步骤，结合本任务的内容，描述描述 Keystone 实现的功能。

②查看官方网站"https://docs.openstack.org/keystone/queens/user/"，深入理解 OpenStack 的用户认证过程，画出 OpenStack 认证流程图。

③在实际生产环境中，如何优化项目、组、用户、角色的关系？怎样处理才能达到最佳效能？

任务三　创建数据中心网络和路由

学习目标

①能创建数据中心网络并设置相应参数；
②能创建数据中心路由并创建路由接口；

③能概括虚拟网络和虚拟路由的关系,与真实物理设备的路由和网络对比,描述不同之处;

④分享工作经验,提升职业素养。

任务内容

本任务是根据数据中心建设需求,利用 OpenStack 云平台创建数据中心网络和路由以及创建相应的网络端口,并理解数据中心环境下虚拟网络和虚拟路由的关系。

任务实施

本任务是创建数据中心的网络和路由。按照前期的规划,每个部门规划 1 个网络,每个网络现有 1 个子网,因此本任务需要创建 8 个网络和对应的子网。

一、创建数据中心网络

OpenStack 网络由 neutron 服务提供,创建数据中心网络(Network)包含创建网络、子网。

1. 创建网络

以 ytdc 项目的用户 xs_user01 登录,打开"网络"选项卡,单击"网络"标签,单击右上角"创建网络"按钮,弹出"创建网络"窗口,输入网络名称,如图 5-3-1 所示。

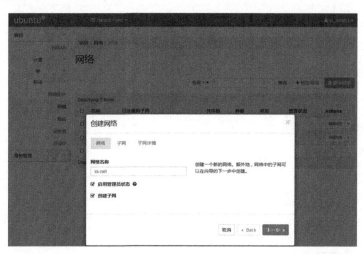

图 5-3-1 创建网络

2. 创建子网信息

根据规划,数据中心网络中,销售部的子网是 10.10.61.0/24,网关是 10.10.61.254,分配给用户的地址范围是 10.10.61.101~10.10.61.200,DNS 采用电信的 202.96.128.166 实现。其他部门依次根据规划表创建。

①创建子网。创建网络后可以选中"创建子网"复选框,继续单击"下一步"按钮,或者在任何时候,通过单击要创建的网络,然后单击右边的"编辑"按钮可以到创建子网的窗口,输入子网名称、网络地址、IP 版本、网关 IP,如图 5-3-2 所示。

图 5-3-2　创建子网

②激活 DHCP。单击"下一步"按钮,激活 DHCP。输入要分配给实例的 IP 地址范围,这里为 10.10.61.101~10.10.61.200;预分配给实例 DNS 服务器的地址,这里为 202.96.128.166,如图 5-3-3 所示。

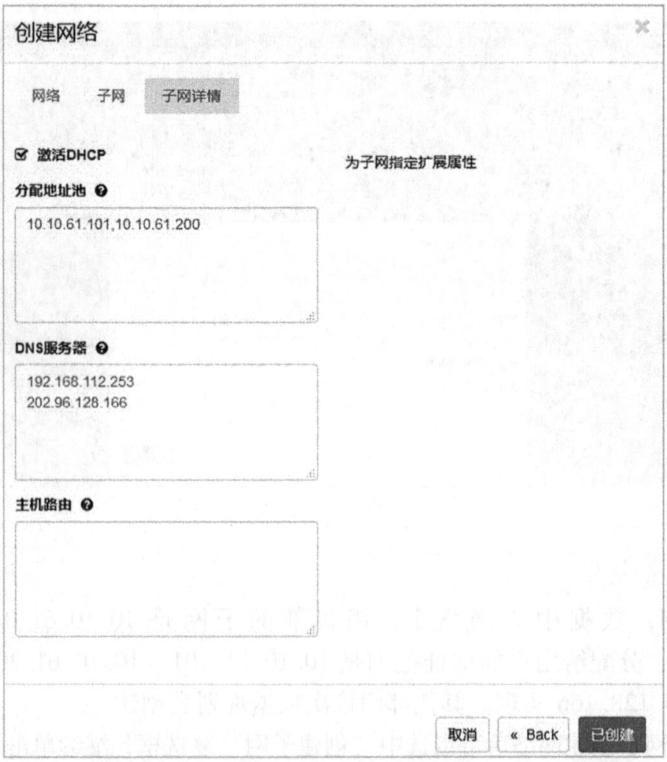

图 5-3-3　激活 DHCP

③创建网络完成界面。创建网络完成界面如图5-3-4所示。用同样的方法创建其他网络。

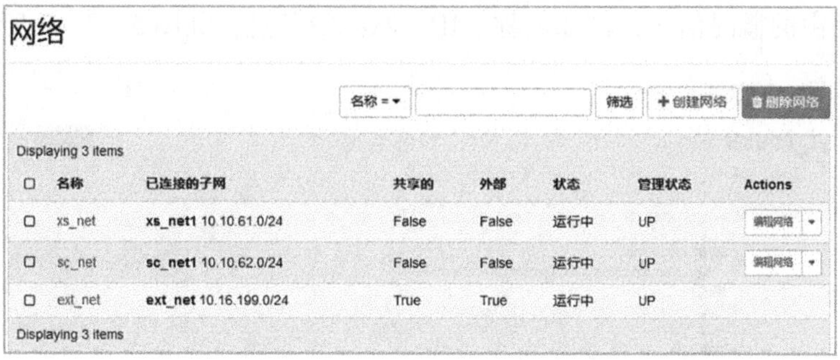

图5-3-4 创建网络完成界面

二、创建路由和路由接口

OpenStack用路由连接不同的子网,也用路由连接外部网络,这样可以实现内部网络和外部网络通信。本任务中设计1台路由器,名称为yt_router,将不同部门的网络连接起来,同时,也是通过该路由器连接外部网络。

1. 创建路由

以ytdc项目的用户xs_user01登录,打开"项目"选项卡,单击"路由"标签,单击右上角"创建路由"按钮,弹出"新建路由"窗口,填写路由名称、外部网络信息,如图5-3-5所示。

图5-3-5 创建路由

填写完信息后,在"新建路由"窗口的右下角单击"新建路由"按钮,完成路由创建。可以看到已经创建好的路由,如图5-3-6所示。

图5-3-6 完成路由创建

2. 查看路由概况

在路由列表的窗口中，双击路由名称，打开超链接，可以看到新创建路由的概况，显示路由的概况信息，例如名称、ID、状态等信息，如图5-3-7所示。

图5-3-7 查看路由概况

3. 添加路由接口

在"接口"标签的右上角单击"增加接口"按钮，在弹出窗口中选择xs_net1子网信息，如图5-3-8所示，这样就添加了接口，通过该接口连接到了子网，子网的网关就是该接口的IP地址。用同样的方法添加其他路由接口。

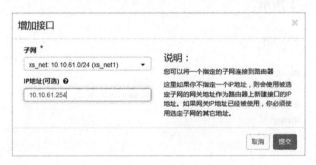

图5-3-8 添加路由接口

添加完路由接口后，在接口的列表中就有了新添加的接口，如图5-3-9所示。

图5-3-9 路由接口列表

4. 查看接口信息

单击刚创建好的路由接口，将显示该路由接口，如图5-3-10所示。从图5-3-10中可知，概况信息包含该端口的 ID，该端口所属的网络、项目，该端口的 MAC 地址、IP 地址，以及该端口的状态信息等，从该信息中可以看出，端口工作正常。

图5-3-10　路由接口状态信息

三、查看网络状况

网络和路由创建完成后，公司数据中心虚拟化的网络就建立起来了。通过查看网络的端口连接状况可以知道虚拟网络之间的连接关系，也可通过查看生成的拓扑关系理解网络之间的逻辑连接。

1. 查看网络端口

选择"项目"→"网络"命令，然后选择所创建的网络 xs_net，单击"端口"标签，可以查看网络的端口信息，如图5-3-11所示，包含名称、固定IP地址和MAC 地址等。通过与图5-3-10所示路由接口信息对比，可以看出，网络 xs_net 的端口与路由的端口相连，子网是 xs_net1。

2. 查看网络拓扑图

网络创建完成后，网络拓扑会自动生成。单击"网络"标签，然后单击"网络拓扑"按钮可以看到当前的网络拓扑状况。网络拓扑可以通过"拓扑"和"图表"两种方式显示,如图5-3-12所示,左边是通过"拓扑"标签显示,右边是通过"图表"方式显示。从图中可以看出,新建的网络xs_net和sc_net与新建的路由yc_router通过端口相连,路由又与外部网络相连。

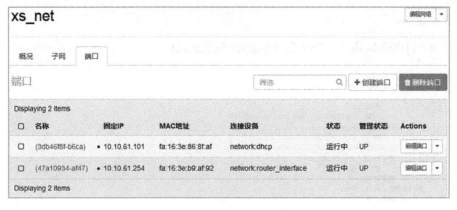

图5-3-11 查看网络端口

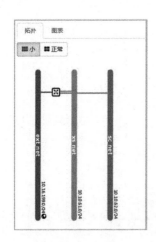
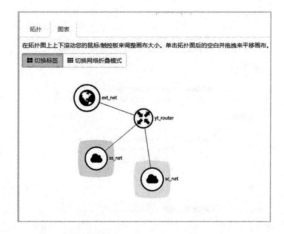

图5-3-12 网络拓扑

小提示

在拓扑操作界面中还可以用鼠标移到网络设备上面,会显示更详细的信息。

巩固与思考

①采用ifconfig命令,结合brctl和ovs_vsctl命令,仔细查看创建的网络接口,查找路由和网络接口的连接关系。

②查图4-4-13并在互联网上收集OpenStack网络架构图,理解桥接关系,描述路由、网络、DHCP之间的关系。

任务四 创建数据中心安全组和密钥对

学习目标

①能说出云 OpenStack 环境的网络安全机制；
②能创建数据中心安全组并设置规则；
③能创建数据中心密钥对；
④体验学习过程中沟通、合作的快乐。

任务内容

本任务是根据数据中心建设需求，利用 OpenStack 云平台创建数据中心安全组和密钥对，理解安全组的功能，学会安全组规则的制定方法。

任务实施

OpenStack 用安全组（Security Group）来保护实例的安全，用密钥对（Key Pair）实现免密登录。

一、创建安全组和配置规则

OpenStack 默认情况下有 default 安全组，用户是可以直接使用的，在实际应用中，用户需要根据自己的实际需求创建自己的安全组。这里数据中心共 8 个部门，每个部门设置 1 个安全组，方便部门根据实际需要定制自己的安全规则。

1. 创建安全组

以 xs_user01 用户身份登录，选择"项目"→"网络"→"安全组"命令，单击右上角的"创建安全组"按钮，弹出"创建安全组"窗口，填写安全组的名称和描述信息。这里按照规划填写销售部安全组的名称 xs_sec_group，如图 5-4-1 所示。

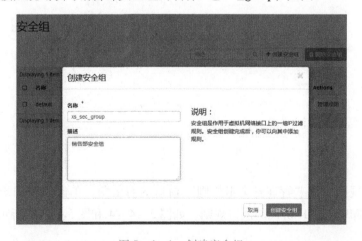

图 5-4-1 创建安全组

2. 创建完成

单击图5－4－1右下角的"创建安全组"按钮，创建完成，可以查看安全组的列表，列表中有新创建的xs_sec_group安全组和原来默认存在的default安全组，如图5－4－2所示。

图5－4－2 "安全组"列表

3. 制定安全规则

安全组的作用是对实例（云主机）提供安全保护，通过定制安全访问规则实现。默认情况，安全组中的规则只有在出口上允许IP协议的规则，没有访问实例的允许规则。这里需要连通性测试和远程连接，因此需要在入口上添加ICMP协议和SSH协议的允许规则。

①打开"管理安全组规则"窗口。在"安全组"列表中，选中要添加规则的安全组，单击右边的"管理规则"按钮，出现"管理安全组规则"窗口，如图5－4－3所示。

图5－4－3 管理规则

②添加规则。在"管理安全组规则"窗口的右上角，单击"添加规则"按钮，分别添加ICMP和SSH协议的入口规则，如图5－4－4和图5－4－5所示。

图 5-4-4 添加 ICMP 协议的入口规则

图 5-4-5 添加 SSH 协议的入口规则

③添加完成。添加规则后界面如图 5-4-6 所示。采用同样的方法可以创建其他部门的安全组。

二、创建和查看密钥对

登录操作系统可以使用密码登录或者密钥登录。这里用户可以根据自己的喜好选择登录方式，如果选择通过密钥登录，需要创建密钥对。

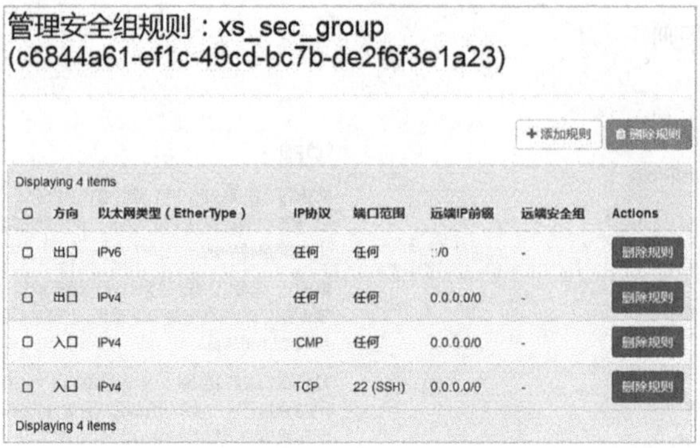

管理安全组规则:xs_sec_group
(c6844a61-ef1c-49cd-bc7b-de2f6f3e1a23)

图 5-4-6　添加规则后界面

1. 创建密钥对

以 xs_user01 用户身份登录,选择"项目"→"计算"→"密钥对"命令,单击右上角的"创建密钥对"按钮,弹出创建密钥对窗口。这里的规划表中密钥对的名称为 xs-key,填入密钥对名称,然后单击"创建密钥对"按钮,并生成私钥,如图 5-4-7 所示。然后单击"拷贝私钥到剪贴板"按钮,将私钥保存到文件中,以便通过终端连接时导入密钥登录实例。

图 5-4-7　创建密钥对

2. 创建完成

单击图 5-4-7 右下角的"完成"按钮,创建完成,可以查看密钥对的列表,列表中有新创建的"xs-key"密钥对,如图 5-4-8 所示。

图 5-4-8　密钥对列表

3. 查看密钥对详情

在密钥对的列表中，单击新创建的密钥对，可以看到密钥对的详情信息，例如名称、指纹、已创建、用户 ID、公钥等信息，如图 5-4-9 所示。

图 5-4-9　密钥对详情

巩固与思考

①利用 SSH 命令，尝试连接云主机（实例），远程管理和查看实例的工作状况。
②观察图 4-5-10，进一步认识安全组的功能，安全组是的工作位置，安全组是通过什么实现其功能的？

任务五　创建和启动云主机实例（云主机）

学习目标

①能使用 OpenStack 平台上的组件完成实例的创建；
②能归纳总结 OpenStack 环境中的网络、子网、网关、路由、安全组、密钥对等组件对创建实例的作用；
③能通过终端软件（PuTTY）对创建的实例进行连接；
④体验学习过程中沟通、合作的快乐。

任务内容

本任务是根据数据中心建设需求，利用 OpenStack 云平台创建和启动数据中心实例，并能用终端软件和 VNC 方式连接创建的实例，测试实例的工作状况。

任务实施

利用 OpenStack 云平台创建实例（云主机），需要用到前期规划的，已经创建好的网络、子网、网关、路由、安全组、密钥对等组件完成，然后利用 OpenStack 的 VNC 控制台连接实例可以对实例进行操作，也可用即 PuTTY 等软件连接操作。

一、创建实例

这里以销售部用户的实例为例进行创建,可以根据部门实例数量的需求,采用批量创建。创建实例按照下面步骤执行。

1. 进入创建实例界面

采用 xs_user01 用户身份登录后,选择"项目"→"计算"命令,然后单击"实例"标签,再单击右边的"创建实例"按钮,如图 5-5-1 所示。

图 5-5-1 创建实例

2. 填写实例名称

打开"创建实例"窗口后,填写实例名称,根据实例命名。销售部的实例命名为 xs_host-1~xs_host-5,目前只有 5 台,如图 5-5-2 所示。在"实例名称"文本框中填写xs_host,"数量"文本框中填写5,即可一次创建 5 台实例。

注意: 本窗口中凡是带"*"的是必填项目,没有带"*"的是可选项目。创建一个最简单的实例,只填写带"*"的项目就可以了。

图 5-5-2 填写实例信息

3. 选择镜像

"源"的选择，就是选择实例的镜像，在可用列表中选择需要的镜像，单击镜像右边的箭头按钮即被选中，如图 5-5-3 所示。

图 5-5-3　选择镜像后界面

4. 选择主机的类型

主机的类型定义主机硬件参数，例如 CPU、内存等信息，如图 5-5-4 所示。

图 5-5-4　选择主机的类型

5. 选择网络

在可用列表中选择销售部的网络，即 xs_net，单击右边的箭头按钮即被选中，如图 5-5-5 所示。

图 5-5-5 选择网络

6. 选择网络接口

网络接口是虚拟交换机连接实例网卡的端口，创建实例时系统自动创建端口连接实例，并分配给实例 IP 地址和 MAC 地址。这里采用系统自动创建实现，选择网络接口界面如图 5-5-6 所示。

图 5-5-6 选择网络接口界面

7. 选择安全组

在可用列表中选择销售部的安全组 xs_sec_group，单击右边的箭头按钮即被选中，如图 5-5-7 所示。

8. 选择密钥对

在可用列表中选择销售部的密钥对 xs_key，单击右边的箭头按钮即被选中，如图 5-5-8所示。

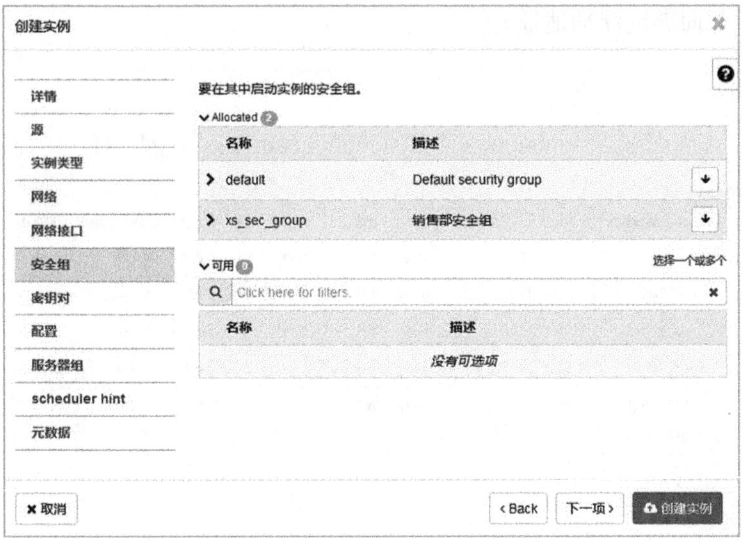

图 5-5-7 选择安全组

图 5-5-8 选择密钥对

9. 启动实例

略去"配置"、"服务器组"、"scheduler hint"和"元数据"选项，单击创建实例窗口右下角的"启动实例"按钮，经过孵化等步骤，系统启动了 5 个实例，如图 5-5-9 所示。至此，一个实例创建完成，下面可以登录实例，进入实例操作系统了。

二、关联浮动地址

当外部网络中的用户要访问该实例（主机）时，要通过与该实例绑定的浮动 IP

地址实现，下面绑定浮动地址。

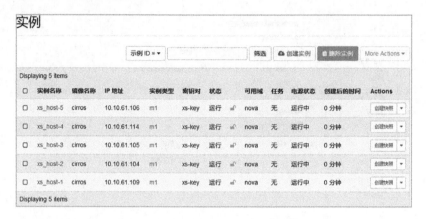

图 5-5-9　启动实例

1. 绑定浮动 IP 地址

选中要绑定浮动 IP 地址的实例 xs_host-5，单击右边的"▼"按钮，可以看到下拉菜单中有"绑定浮动 IP"命令。选中"绑定浮动 IP"命令，出现绑定浮动 IP 地址的窗口，如图 5-5-10 所示。

图 5-5-10　绑定浮动 IP

2. 关联浮动 IP

在弹出的"管理浮动 IP 的关联"窗口中，选择浮动 IP 地址，并管理内部网络中实例的 IP 地址，如图 5-5-11 所示。

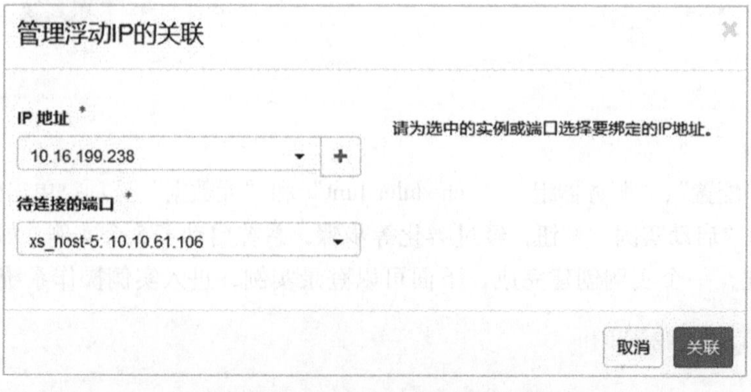

图 5-5-11　关联浮动 IP

3. 查看浮动地址

完成关联浮动 IP 后，查看实例 xs_host-5，可以看到实例已经有自己的内部网络 IP 地址，也有和自己关联的浮动 IP，如图 5-5-12 所示。

图 5-5-12　查看浮动 IP

三、查看实例的运行

查看实例的运行可以通过 VNC 控制台直接查看，也可以通过 SSH 协议连接查看控制台。

1. 通过 VNC 控制台直接查看

①查看实例详细信息。在实例列表界面，单击实例 xs_host-5，可以查看实例的概况、日志、控制台、操作日志标签，如图 5-5-13 所示（注：图 5-5-13 只截取了一部分界面）。

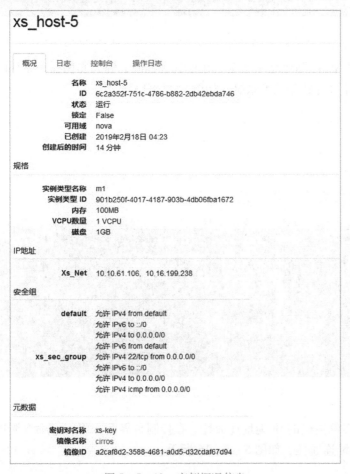

图 5-5-13　实例概况信息

②查看 VNC 控制台登录实例。单击"控制台"标签,进入 VNC 控制台界面,如图 5-5-14 所示。

图 5-5-14 实例控制台

③通过 VNC 控制台登录实例。在控制台界面,输入实例操作系统的用户登录账户和密码,即可看到登录了系统,如图 5-5-15 所示。

图 5-5-15 登录实例控制台

④测试实例主机的 IP 地址连通性。在控制台界面,用 ping 命令测试自己的内部和外部 IP 地址连通性,如图 5-5-16 所示。

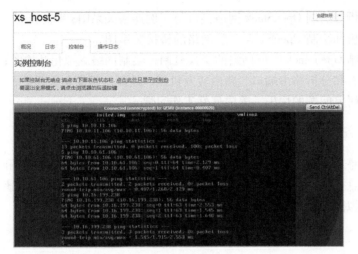

图 5-5-16 测试实例内部和外部 IP 地址连通性

2. 通过 SSH 协议连接查看

通常，通过 SSH 登录远程服务器时，使用密码认证，分别输入用户名和密码，两者满足一定规则就可以登录，但是密码认证有以下缺点：

①用户无法设置空密码（即使系统允许空密码，也会十分危险）；

②密码容易被人偷窥或猜到；

③服务器上的一个账户若要给多人使用，则必须让所有使用者都知道密码，容易导致密码泄露，而且修改密码时必须通知所有人。

而使用公钥认证则可以解决上述问题。公钥认证的优点如下：

①公钥认证允许使用空密码，省去每次登录都需要输入密码的麻烦；

②多个使用者可以通过各自的密钥登录到系统上的同一个用户；

③即使修改了对应用户的密码，也不会影响登录；

④若同时禁用密码认证，则只要保证私钥的安全，就不会受到暴力破解的威胁。

至此，一个销售部的实例创建并启动完成，读者可以通过批量的方式创建其他部门的实例测试。

巩固与思考

①使用 brctl、ifconfig、ovs-vsctl 命令，查看控制主机和计算主机的网络和桥接信息，分析实例的网卡与网络的桥接关系。

②实例的 IP 地址怎样获取？将你的认识描述出来，将你的疑点记录下来，尝试通过 brctl、ifconfig、ovs-vsctl 命令进行分析和解答。

任务六 分析数据中心网络路由关系

学习目标

①能分析 OpenStack 环境中实例的端口；

②能分析和绘制 OpenStack 网络接口与实例连接关系图；

③能分析和绘制 OpenStack 二层网络的桥接关系图；

④能总结 OpenStack 二层网络的交换机制，绘制网络虚拟化结构图；

⑤能查看和分析路由端口、路由转发机制，绘制虚拟路由关系图；

⑥体验研究问题的快乐，养成良好工作习惯。

任务内容

本任务是利用 OpenStack 云平台查看网络端口，并运用控制主机和计算主机的网络接口信息分析数据中心网络路由关系。绘制网络虚拟化结构图和虚拟路由关系图，学习虚拟网络二层和三层的实现机制。

任务实施

利用 OpenStack 云平台查看网络端口，运用 brctl 和 ovs－vsctl 命令查看控制主机和计算主机的网络接口信息，分析数据中心网络路由关系。

一、查看云主机实例信息

以 xs_user01 用户身份登录，选择“项目”→“计算”→“实例”命令，可以看到创建的数据中心云主机实例，如图 5－6－1 所示。这里以生产部和销售部为例进行讲解说明。

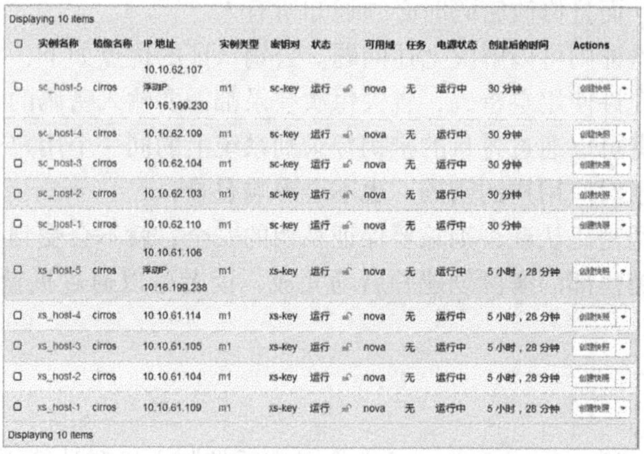

Displaying 10 items

□	实例名称	镜像名称	IP 地址	实例类型	密钥对	状态		可用域	任务	电源状态	创建后的时间	Actions
□	sc_host-5	cirros	10.10.62.107 浮动IP 10.16.199.230	m1	sc-key	运行		nova	无	运行中	30 分钟	创建快照
□	sc_host-4	cirros	10.10.62.109	m1	sc-key	运行		nova	无	运行中	30 分钟	创建快照
□	sc_host-3	cirros	10.10.62.104	m1	sc-key	运行		nova	无	运行中	30 分钟	创建快照
□	sc_host-2	cirros	10.10.62.103	m1	sc-key	运行		nova	无	运行中	30 分钟	创建快照
□	sc_host-1	cirros	10.10.62.110	m1	sc-key	运行		nova	无	运行中	30 分钟	创建快照
□	xs_host-5	cirros	10.10.61.106 浮动IP: 10.16.199.238	m1	xs-key	运行		nova	无	运行中	5 小时，28 分钟	创建快照
□	xs_host-4	cirros	10.10.61.114	m1	xs-key	运行		nova	无	运行中	5 小时，28 分钟	创建快照
□	xs_host-3	cirros	10.10.61.105	m1	xs-key	运行		nova	无	运行中	5 小时，28 分钟	创建快照
□	xs_host-2	cirros	10.10.61.104	m1	xs-key	运行		nova	无	运行中	5 小时，28 分钟	创建快照
□	xs_host-1	cirros	10.10.61.109	m1	xs-key	运行		nova	无	运行中	5 小时，28 分钟	创建快照

Displaying 10 items

图 5－6－1　查看云主机实例信息

可以看到 10 台云主机实例，分别是 xs_host－1 ~ xs_host－5 和 sc_host－1 ~ sc_host－5，状态是正在运行中。这里以 xs_host－5 和 sc_host－5 为例进行讲解。

二、登录云主机实例控制台，查看网卡配置信息

1. 登录控制台，用 ifconfig 查看 xs_host－5 网卡配置信息

在图 5－6－1 所示界面中，单击 xs_host－5，出现 xs_host－5 界面信息，然后单击“控制台”按钮，可以看到 xs_host－5 的控制台界面，用户登录，在命令行中输入 ifconfig 命令，出现如图 5－6－2 所示界面，可以看到该实例的网卡名称是 eth0，IP 地址是 10. 10. 61. 106，MAC 地址是 fa：16：3e：88：a5：53。

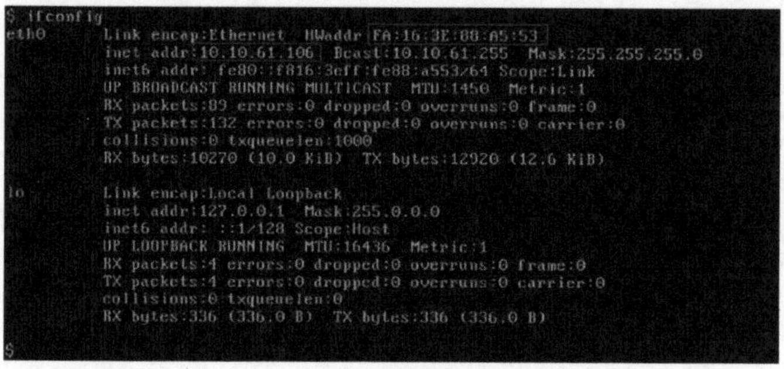

图 5 - 6 - 2 查看 xs_host - 5 实例网卡信息

2. 查看 sc_host - 5 网卡配置信息

采用同样的方法进入 sc_host - 5 的控制台，用 ifconfig 命令查看 sc_host - 5 网卡配置信息，出现如图 5 - 6 - 3 所示界面，可以看到该实例的网卡名称是 eth0，IP 地址是 10. 10. 61. 106，MAC 地址是 fa：16：3e：cd：3c：b7。

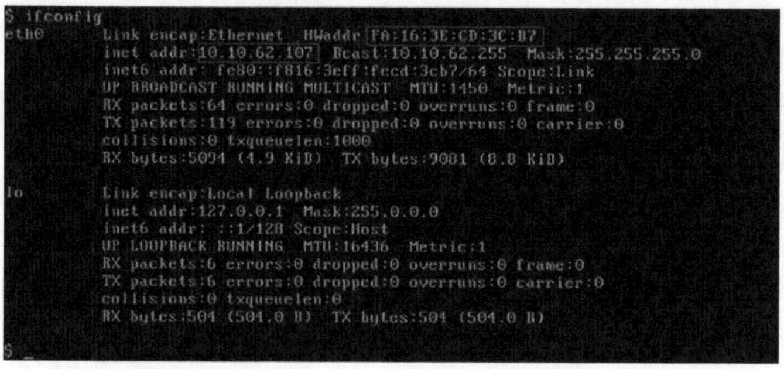

图 5 - 6 - 3 查看 sc_host - 5 实例网卡信息

3. 测试一下两台实例的连通性

用 ping 10. 10. 62. 107 命令，在 xs_host - 5 上 ping 一下 sc_host - 5，如图 5 - 6 - 4 所示，网络正常通信。

图 5 - 6 - 4 实例之间连通性测试

至此，查看了 xs_host-5 和 sc_host-5 实例的网卡的 IP 地址、MAC 地址、网卡名称，测试了两个实例之间的连通性。由于网卡的 MAC 地址具有唯一性，随后分析网络信息时，可以看到这两个实例的 MAC 地址与网络接口的关联，进一步分析 OpenStack 底层的网络桥接和路由关系。

三、查看 OpenStack 网络端口

1. 查看 xs_net 端口信息

以 xs_user01 用户身份登录，选择"项目"→"网络"命令，然后在网络列表中选择 xs_net 网络，在 xs_net 网络的界面中单击"端口"标签，可以看到网络端口，如图 5-6-5 所示。可以看到有名称、固定 IP、MAC 地址、连接设备和状态。其中 bffb5846-4418 端口连接的设备是 compute：nova，IP 地址是 10.10.61.106，MAC 地址是 fa：16：3e：88：a5：53，说明该端口是与 xs_host-5 连接的网络端口。

图 5-6-5　xs_net 网络端口

2. 查看 bffb5846-4418 端口信息

在图 5-6-5 所示界面中，单击 bffb5846-4418 端口（bffb5846-4418 是端口的短 ID，长 ID 是 bffb5846-4418-411a-a339-308ac5c4986c），可以看到详细信息，如图 5-6-6 所示。包含 bffb5846-4418 端口的 ID、MAC 地址、IP 地址，以及所属的网络、所属的项目、安全组及对应规则等信息。

3. 查看 sc_net 端口信息

在网络列表中单击 sc_net 网络，在 sc_net 网络的界面中单击"端口"标签，可以看到网络端口，如图 5-6-7 所示。可以看到有名称、固定 IP、MAC 地址、连接设备和状态。其中 dd16181f-a7f9 端口连接的设备是 compute：nova，IP 地址是 10.10.62.107，MAC 地址是 fa：16：3e：cd：3c：b7，说明该端口是与 sc_host-5 连接的网络端口。

图 5-6-6　bffb5846-4418 端口详细信息

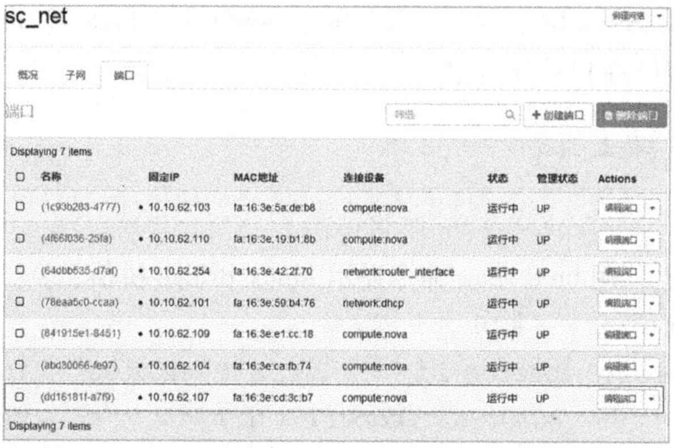

图 5-6-7　sc_net 网络端口

4. 查看 dd16181f-a7f9 端口信息

在图 5-6-7 所示界面中，单击 dd16181f-a7f9 端口，可以看到该端口详细信息，如图 5-6-8 所示。

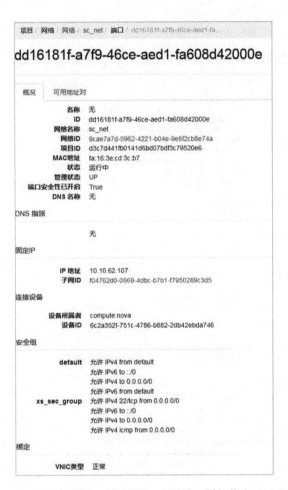

图 5-6-8　dd16181f-a7f9 端口详细信息

从图 5-6-8 中可以看到 dd16181f-a7f9 端口的 ID、MAC 地址、IP 地址，以及所属的网络、所属的项目、安全组及对应规则等信息。

通过查看 OpenStack 网络端口，可以确定 bffb5846-4418 端口连接 xs_host-5 实例，dd16181f-a7f9 端口连接 sc_host-5 实例。

四、查看计算主机的网桥信息

1. 查看计算主机上 Linux Bridge 桥信息

在计算主机上，用 brctl show 命令显示 Linux Bridge 桥信息。

```
root@ computer:/# brctl show
bridge name       bridge id           STP enabled   interfaces
brq93f59c2c-65    8000.86277bdbef75   n             vxlan-96
brq9cae7a7d-59    8000.d2b6cafb2788   no            vxlan-104
qbr0a04b878-22    8000.cebd3084c0d1   no            qvb0a04b878-22
                                                    tap0a04b878-22
qbr1c93b283-47    8000.2a6976e10481   no            qvb1c93b283-47
                                                    tap1c93b283-47
```

qbr2d19dd0c-ae	8000.12848faf9f1d	no	qvb2d19dd0c-ae
			tap2d19dd0c-ae
qbr3345a969-e7	8000.5ae06b701832	no	qvb3345a969-e7
qbr4b248375-0a	8000.2a05539f120b	no	qvb4b248375-0a
			tap4b248375-0a
qbr4f66f036-25	8000.2230b1d8c763	no	qvb4f66f036-25
			tap4f66f036-25
qbr57010cc6-3b	8000.f2ef645a6731	no	qvb57010cc6-3b
qbr7caa7bbd-20	8000.aaa3f4d808ca	no	qvb7caa7bbd-20
			tap7caa7bbd-20
qbr841915e1-84	8000.ae31730f3458	no	qvb841915e1-84
			tap841915e1-84
qbrabd30066-fe	8000.0ab479bdc4b1	no	qvbabd30066-fe
			tapabd30066-fe
qbrbffb5846-44	8000.6a7e4b734ad8	no	qvbbffb5846-44
			tapbffb5846-44
qbrd1d0000e-df	8000.e6d3cef4462d	no	qvbd1d0000e-df
qbrd74c5694-13	8000.4226ff52eac6	no	qvbd74c5694-13
qbrdd16181f-a7	8000.4e632a4528f4	no	qvbdd16181f-a7
			tapdd16181f-a7
virbr0	8000.525400e42f36	yes	virbr0-nic

如蓝色字体显示部分,其中一个桥的名称是 qbrbffb5846-44,该桥有两个接口,分别是 qvbbffb5846-44 和 tapbffb5846-44。注意观察一下,桥 qbrbffb5846-44 的名称就是网络端口 bffb5846-4418 的前面冠上"qbr"前缀而成,说明桥 qbrbffb5846-44 是和 xs_host-5 关联的,也就是说 xs_host-5 是和桥 qbrbffb5846-44 连接在一起的。

其中一个桥的名称是 qbrdd16181f-a7,该桥有两个接口,分别是 qvbdd16181f-a7 和 tapdd16181f-a7,说明 sc_host-5 是和桥 qbrdd16181f-a7 连接在一起的。

2. 查看计算主机上的网络接口

用 ifconfig 命令在计算主机上查看网络接口。

root@computer:~#ifconfig -a |more
...
tapbffb5846-44 Link encap:Ethernet HWaddr fe:16:3e:88:a5:53
          inet6 addr: fe80::fc16:3eff:fe88:a553/64 Scope:Link
          UP BROADCAST RUNNING MULTICAST MTU:1450 Metric:1
          RX packets:141 errors:0 dropped:0 overruns:0 frame:0
          TX packets:102 errors:0 dropped:0 overruns:0 carrier:0
          collisions:0 txqueuelen:1000
          RX bytes:13634 (13.6 KB) TX bytes:11360 (11.3 KB)
...
tapdd16181f-a7 Link encap:Ethernet HWaddr fe:16:3e:cd:3c:b7
          inet6 addr: fe80::fc16:3eff:fecd:3cb7/64 Scope:Link

UP BROADCAST RUNNING MULTICAST MTU：1450 Metric：1
RX packets：130 errors：0 dropped：0 overruns：0 frame：0
TX packets：78 errors：0 dropped：0 overruns：0 carrier：0
collisions：0 txqueuelen：1000
RX bytes：9879 (9.8 KB) TX bytes：6210 (6.2 KB)
…

其中可以看到有一个 tapbffb5846－44 接口，对应的 MAC 地址是 fe：16：3e：88：a5：53，现在与图 5－6－2 对比一下，发现 xs_host－5 实例 eth0 网卡的 MAC 地址也是 fe：16：3e：88：a5：53，说明了 xs_host－5 实例 eth0 网卡在计算主机中对应的网络接口是 tapbffb5846－44。结合在计算主机中 brctl show 命令显示信息，桥 qbrbffb5846－44 上的 tapbffb5846－44 接口信息，进一步验证了 xs_host－5 实例在本实例中表现为 eth0 网卡的接口，在计算主机中表现为 tapbffb5846－44 接口，并且该接口与桥 qbrbffb5846－44 相连接。

同样进行分析可以断定 sc_host－5 实例在本实例中表现为 eth0 网卡的接口，在计算主机中表现为 tapdd16181f－a7 接口，并且该接口与桥 qbrdd16181f－a7 相连接。

3. 绘制 xs_host－5 和 sc_host－5 桥接结构

根据计算主机上的网桥和接口的逻辑关系，绘制 xs_host－5 和 sc_host－5 桥接结构，如图 5－6－9 所示。

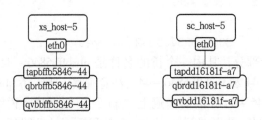

图 5－6－9　xs_host－5 和 sc_host－5 桥接结构

从图 5－6－9 所示桥接结构上看，每一个实例创建了自己的 Linux Bridge 网桥，其中 tap…xx 接口连接云主机实例，另一个 qvb…xx 接口连接集成网桥 br－int，在二层桥接关系中已经分析。

五、分析 Open vSwitch 集成网桥

1. 用 ifconfig 命令在计算主机上查看 qvb…xx 和 qvo…xx 接口

root@ computer：~# ifconfig －a | more

…

qvbbffb5846－44 Link encap：Ethernet HWaddr 6a：7e：4b：73：4a：d8
　　　　　　　inet6 addr：fe80：：687e：4bff：fe73：4ad8/64 Scope：Link
　　　　　　　UP BROADCAST RUNNING PROMISC MULTICAST MTU：1450 Metric：1
　　　　　　　RX packets：362 errors：0 dropped：0 overruns：0 frame：0
　　　　　　　TX packets：258 errors：0 dropped：0 overruns：0 carrier：0
　　　　　　　collisions：0 txqueuelen：1000
　　　　　　　RX bytes：33042 (33.0 KB) TX bytes：22682 (22.6 KB)

...
qvbdd16181f-a7 Link encap：Ethernet HWaddr 4e：63：2a：45：28：f4
        inet6 addr：fe80::4c63：2aff：fe45：28f4/64 Scope：Link
        UP BROADCAST RUNNING PROMISC MULTICAST MTU：1450 Metric：1
        RX packets：284 errors：0 dropped：0 overruns：0 frame：0
        TX packets：138 errors：0 dropped：0 overruns：0 carrier：0
        collisions：0 txqueuelen：1000
        RX bytes：23654 (23.6 KB) TX bytes：10527 (10.5 KB)
...
qvobffb5846-44 Link encap：Ethernet HWaddr c6：b2：81：1b：2e：36
        inet6 addr：fe80::c4b2：81ff：fe1b：2e36/64 Scope：Link
        UP BROADCAST RUNNING PROMISC MULTICAST MTU：1450 Metric：1
        RX packets：258 errors：0 dropped：0 overruns：0 frame：0
        TX packets：362 errors：0 dropped：0 overruns：0 carrier：0
        collisions：0 txqueuelen：1000
        RX bytes：22682 (22.6 KB) TX bytes：33042 (33.0 KB)
...
qvodd16181f-a7 Link encap：Ethernet HWaddr 2a：46：74：a9：45：37
        inet6 addr：fe80::2846：74ff：fea9：4537/64 Scope：Link
        UP BROADCAST RUNNING PROMISC MULTICAST MTU：1450 Metric：1
        RX packets：138 errors：0 dropped：0 overruns：0 frame：0
        TX packets：284 errors：0 dropped：0 overruns：0 carrier：0
        collisions：0 txqueuelen：1000
        RX bytes：10527 (10.5 KB) TX bytes：23654 (23.6 KB)
...

在计算结点上利用 ifconfig 命令可以看到很多网络接口，其中有 qvbbffb5846-44、qvbdd16181f-a7、qvobffb5846-44、qvodd16181f-a7 接口，Linux Bridge 桥就是通过这些接口连接到集成网桥 br-int 上的。下面进一步分析这些接口。

2. 用 ovs-vsctl show 命令在计算主机上查看 Open vSwitch 桥接信息

```
root@ computer：~# ovs-vsctl show |more
02c7925f-9621-4b40-88b7-7f91184b15c1
    Manager "ptcp：6640：127.0.0.1"
        is_connected：true
    Bridge br-int
        Controller "tcp：127.0.0.1：6633"
            is_connected：true
        fail_mode：secure
        ...
        Port "qvobffb5846-44"
            tag：3
```

```
            Interface "qvobffb5846-44"
...
        Port "qvodd16181f-a7"
            tag:2
            Interface "qvodd16181f-a7"
```

用 ovs-vsctl show 命令在计算主机上查看 open vswitch 桥接信息时，发现在 Bridge br-int 上有 qvobffb5846-44 和 qvodd16181f-a7 接口，这两个接口就是连接 Linux Bridge 网桥的接口。其中 qvobffb5846-44 与 qbrbffb5846-44 网桥的 qvbbffb5846-44 接口相连，进而与 xs_host-5 相连，同样接口 qvodd16181f-a7 与 qbrdd16181f-a7 网桥的 qvbdd16181f-a7 接口相连，进而与 sc_host-5 相连。

3. 绘制 xs_host-5 和 sc_host-5 桥接关系图

通过查看 Bridge br-int 端口，Linux Bridge 网桥的端口，以及计算主机上用 ifconfig 命令显示的接口，网络桥接关系基本清晰，下面绘制 xs_host-5 和 sc_host-5 桥接关系图，如图 5-6-10 所示。

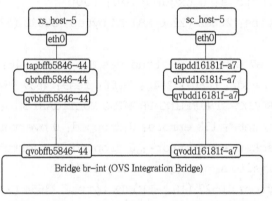

图 5-6-10 xs_host-5 和 sc_host-5 桥接关系图

在 xs_host-5 的桥接结构中，qvobffb5846-44 与 qbrbffb5846-44 网桥的 qvbbffb5846-44 接口相连，它们之间实际是一对 veth 连接，同样 qvodd16181f-a7 与 qvbdd16181f-a7 也是一对 veth。

六、分析 xs_net 和 sc_net 路由关系

在前面图 5-6-4 中 xs_host-5 和在 sc_host-5 的连通性测试中，是可以正常通信的，而 xs_host-5 和在 sc_host-5 分别属于 xs_net 和 sc_net 不同的网络，它们之间的通信是需要路由的，具体是怎么实现的呢？

1. 查看网络拓扑

以 xs_user01 用户身份登录，选择"项目"→"网络"→"网络拓扑"命令，在网络拓扑的界面可以看到 xs_net 和 sc_net 网络通过路由器连接，如图 5-6-11 所示。该图中左边以拓扑模式展开，右边以图表方式展开（这里将其不同显示拼接成一张图）。

2. 查看 xs_net 网络路由端口

选择"项目"→"网络"命令，然后在网络列表中单击 xs_net 网络，在 xs_net

网络的界面中单击"端口"标签,可以看到网络端口,如图 5-6-12 所示。可以看到有名称、固定 IP、MAC 地址、连接设备和状态。其中 47a10934-af47 端口连接的设备是 network: router_interface,IP 地址是 10.10.61.254,MAC 地址是 fa:16:3e:b9:af:92。

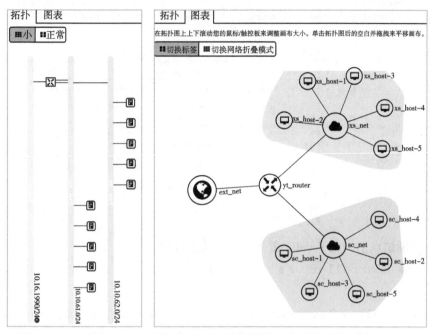

图 5-6-11 网络拓扑

图 5-6-12 xs_net 网络路由端口

3. 查看 sc_net 网络路由端口

选择"项目"→"网络"命令,然后在网络列表中单击 sc_net 网络,在 sc_net 网络的界面中单击"端口"标签,可以看到网络端口,如图 5-6-13 所示。可以看到有名称、固定 IP、MAC 地址、连接设备和状态。其中 64dbb535-d7af 端口连接的设备是 network: router_interface,IP 地址是 10.10.62.254,MAC 地址是 fa:16:3e:42:2f:70。

图 5-6-13 sc_net 网络路由端口

4. 查看控制结点上的路由接口

在控制结点上,用 ifconfig 命令,查看路由接口。

root@ controller:/# ifconfig -a

...

tap47a10934-af Link encap:Ethernet HWaddr d6:83:c2:e0:71:62
    UP BROADCAST RUNNING MULTICAST MTU:1450 Metric:1
    RX packets:13 errors:0 dropped:0 overruns:0 frame:0
    TX packets:167 errors:0 dropped:0 overruns:0 carrier:0
    collisions:0 txqueuelen:1000
    RX bytes:990 (990.0 B) TX bytes:11722 (11.7 KB)

...

tap64dbb535-d7 Link encap:Ethernet HWaddr 3e:e3:66:a6:67:d1
    UP BROADCAST RUNNING MULTICAST MTU:1450 Metric:1
    RX packets:13 errors:0 dropped:0 overruns:0 frame:0
    TX packets:136 errors:0 dropped:0 overruns:0 carrier:0
    collisions:0 txqueuelen:1000
    RX bytes:990 (990.0 B) TX bytes:8952 (8.9 KB)

通过查看,发现在很多接口中有一个 tap47a10934-af 接口,MAC 地址是 d6:83:c2:e0:71:62,另一个 tap64dbb535-d7 接口,MAC 地址是 3e:e3:66:a6:67:d1。这两个接口实际是网络结点 Bridge br-int 集成网桥的接口(本方案控制结点和网络结点由控制主机实现)。

5. 查看控制结点上的 br-int 路由接口

用 ovs-vsctl show 命令在控制结点上查看 br-int 路由接口。

root@ controller:/# ovs-vsctl show

```
d7803e40-199d-45c1-a4c7-e38301b6c1e6
    Manager "ptcp:6640:127.0.0.1"
        is_connected: true
    Bridge br-int
        Controller "tcp:127.0.0.1:6633"
            is_connected: true
        fail_mode: secure
        ...
        Port "tap47a10934-af"
            tag: 4
            Interface "tap47a10934-af"
        ...
        Port "tap64dbb535-d7"
            tag: 6
            Interface "tap64dbb535-d7"
```

在 Bridge br-int 集成网桥上有 tap47a10934-af 和 tap64dbb535-d7 接口。这两个接口是分别连接 xs_net 和 sc_net 网络路由 namespace 命名空间的。

6. 查看控制主机的路由列表

用 neutron router-list 命令在控制主机中（注意：控制主机承担网络结点作用，控制结点和网络结点在一台主机上）显示路由列表，如图 5-6-14 所示。显示 yt_router 的路由 ID 是 c34aa11c-f10e-4958-8fe3-1179c2c97c44。

```
root@controller:/openrc# neutron router-list
neutron CLI is deprecated and will be removed in the future. Use openstack CLI instead.
+--------------------------------------+-------------+----------------------------------+
| id                                   | name        | tenant_id                        |
+--------------------------------------+-------------+----------------------------------+
| c34aa11c-f10e-4958-8fe3-1179c2c97c44 | yt_router   | d3c7d441fb0141d6bd07bdf3c79520e6 |
| fa31da9d-426c-44d7-926a-0b5b2aab03a0 | test_router | 024b68bba48a4877813bee19fe430a09 |
+--------------------------------------+-------------+----------------------------------+
```

图 5-6-14　neutron 路由列表

7. 查看 namespace 命名空间

```
root@controller:/# ip netns
...
qrouter-c34aa11c-f10e-4958-8fe3-1179c2c97c44 (id: 2)
...
```

通过 ip netns 命令查看 namespace，可以看到 namespace 的命名空间，其中 qrouter-c34aa11c-f10e-4958-8fe3-1179c2c97c44 是路由 yt_router 在 namespace 中对应的命名。

8. 查看 qrouter-c34aa11c-f10e-4958-8fe3-1179c2c97c44 的接口配置信息

使用 ip netns exec <namespace name> ip a 命令查看路由 namespace 中的 veth interface 配置，如图 5-6-15 所示。

```
root@controller:/# ip netns exec qrouter-c34aa11c-f10e-4958-8fe3-1179c2c97c44 ip a
1: lo: <LOOPBACK,UP,LOWER_UP> mtu 65536 qdisc noqueue state UNKNOWN group default qlen 1
    link/loopback 00:00:00:00:00:00 brd 00:00:00:00:00:00
    inet 127.0.0.1/8 scope host lo
       valid_lft forever preferred_lft forever
    inet6 ::1/128 scope host
       valid_lft forever preferred_lft forever
2: qr-47a10934-af@if17: <BROADCAST,MULTICAST,UP,LOWER_UP> mtu 1450 qdisc noqueue state UP
    link/ether fa:16:3e:b9:af:92 brd ff:ff:ff:ff:ff:ff link-netnsid 0
    inet 10.10.61.254/24 brd 10.10.61.255 scope global qr-47a10934-af
       valid_lft forever preferred_lft forever
    inet6 fe80::f816:3eff:feb9:af92/64 scope link
       valid_lft forever preferred_lft forever
3: qr-64dbb535-d7@if20: <BROADCAST,MULTICAST,UP,LOWER_UP> mtu 1450 qdisc noqueue state UP
    link/ether fa:16:3e:42:2f:70 brd ff:ff:ff:ff:ff:ff link-netnsid 0
    inet 10.10.62.254/24 brd 10.10.62.255 scope global qr-64dbb535-d7
       valid_lft forever preferred_lft forever
    inet6 fe80::f816:3eff:fe42:2f70/64 scope link
       valid_lft forever preferred_lft forever
4: qg-7177fc47-b3@if23: <BROADCAST,MULTICAST,UP,LOWER_UP> mtu 1450 qdisc noqueue state UP
    link/ether fa:16:3e:bb:96:21 brd ff:ff:ff:ff:ff:ff link-netnsid 0
    inet 10.16.199.233/24 brd 10.16.199.255 scope global qg-7177fc47-b3
       valid_lft forever preferred_lft forever
    inet 10.16.199.238/32 brd 10.16.199.238 scope global qg-7177fc47-b3
       valid_lft forever preferred_lft forever
    inet 10.16.199.230/32 brd 10.16.199.230 scope global qg-7177fc47-b3
       valid_lft forever preferred_lft forever
    inet6 fe80::f816:3eff:febb:9621/64 scope link
       valid_lft forever preferred_lft forever
```

图 5-6-15　neutron 路由 namespace 接口配置

从配置中可以看到有一个 qr-47a10934-af@if17 接口，IP 地址是 10.10.61.254/24，MAC 地址是 fa:16:3e:b9:af:92，正是 xs_net 网络连接 network：router_interface 设备的 47a10934-af47 端口。从而说明 xs_net 网络的子网 10.10.61.0/24 的网关是由 namespace 提供的，并通过 qr-47a10934-af@if17 接口实现。

同样从配置中可以看到有一个 qr-64dbb535-d7@if20 接口，IP 地址是 10.10.62.254/24，MAC 地址是 fa:16:3e:42:2f:70，正是 sc_net 网络连接 network：router_interface 设备的 64dbb535-d7af 端口。从而说明 sc_net 网络的子网 10.10.62.0/24 的网关是由 namespace 提供的，并通过 qr-64dbb535-d7@if20 接口实现。

9. 绘制路由架构图

由以上分析可以看出 OpenStack 虚拟网络之间的路由由 Neutron 提供，并通过 l3 agent 为每个 Router 创建了一个 namespace，通过 veth pair 与 Bridge br-int 上的 TAP 接口相连，然后将网关配置在 namespace 里面的 qr-64dbb535-d7 接口上，这样提供路由功能。图 5-6-16 所示为 xs_net 和 sc_net 网络路由连接架构图。

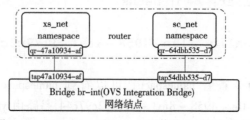

图 5-6-16　xs_net 和 sc_net 网络路由连接架构图

七、理解网络路由外部转发

Router 提供跨 subnet 的互联功能，比如用户的内部网络中主机想要访问外部互联网的地址，就需要 Router 来转发，因此，所有跟外部网络通信的流量都必须经过

Router。目前 Router 的实现是通过 iptables 进行的。

1. 查看 Bridge br – int 接口

```
root@ controller:/# ovs -vsctl show
...
Bridge br - int
      Controller "tcp:127.0.0.1:6633"
          is_connected: true
      fail_mode: secure
...
Port "tap7177fc47 -b3"
      tag: 2
      Interface "tap7177fc47 -b3"
...
```

这里有 tap7177fc47 – b3 接口,该接口实际是和外部路由相连的。

2. 查看 qg – 7177fc47 – b3 接口

根据图 5 – 6 – 15,有一个 qg – 7177fc47 – b3 接口。从地址上看,关联外部网络地址,说明该接口是和外部网络连接的。

3. 查看命名空间的路由表

用 ip netns exec qrouter – c34aa11c – f10e – 4958 – 8fe3 – 1179c2c97c44 ip route 命令查看命名空间的路由表,如图 5 – 6 – 17 所示。

```
root@controller:/# ip netns exec qrouter-c34aa11c-f10e-4958-8fe3-1179c2c97c44 ip route
default via 10.16.199.254 dev qg-7177fc47-b3
10.10.61.0/24 dev qr-47a10934-af  proto kernel  scope link  src 10.10.61.254
10.10.62.0/24 dev qr-64dbb535-d7  proto kernel  scope link  src 10.10.62.254
10.16.199.0/24 dev qg-7177fc47-b3  proto kernel  scope link  src 10.16.199.233
```

图 5 – 6 – 17 命名空间的路由表

默认情况以及访问外部网络的时候,网包会从 qg – 7177fc47 – b3 接口发出,经过 br – int 传输到 br – prv,发布到外网。而访问租户内网的时候,会从 qr – 64dbb535 – d7 和 qr – 47a10934 – af 接口发出,发送给 br – int。

4. 查看 iptables 地址转换表

用 ip netns exec qrouter – c34aa11c – f10e – 4958 – 8fe3 – 1179c2c97c44 iptables – t nat – S 命令查看 iptables 地址转换表,如图 5 – 6 – 18 所示。

从统计的地址转换信息可以看出,有一条 SNAT 规则:

neutron – 13 – agent – snat – o qg – 7177fc47 – b3 – j SNAT – – to – source 10.16.199.233

把所有其他从 qg-d68d3833 – b3 接口出来的流量都映射到外部 IP 10.16.199.233。这样即使在内部虚拟机没有外部 IP 的情况下,也可以发起对外网的访问。

另外,有 10.16.199.238/32 < – > 10.10.61.106, 10.16.199.230/32 < – > 10.10.62.107 之间的内部网络地址和外部网络地址的转换关系。

根据以上分析，neutron-l3-agent 通过创建 namespace 命名空间，并运用 iptables 实现了路由功能、地址转换功能，实现了内部网络和外部网络之间的通信。

图 5-6-18　iptables 地址转换表

八、理解命名空间（namespace）

命名空间是一种用于定义特定标识符集合的方式。使用命名空间，可以在不同的命名空间中多次使用相同的标识符，还可以将标识符集限制为对特定进程可见。例如，Linux 为网络和进程提供命名空间等。如果进程在进程命名空间中运行，则它只能查看同一命名空间中的其他进程并与其通信。因此，如果特定进程命名空间中的 shell 运行 ps waux，它将只显示同一命名空间中的其他进程。

在网络命名空间 namespace 中，作用域"标识符"是网络设备，因此给定的网络设备（如 eth0）存在于特定的命名空间中。Linux 使用默认网络命名空间启动，因此如果用户的操作系统没有做任何特殊操作，那就是所有网络设备所在的位置。但也可以创建更多的非默认命名空间，并在这些命名空间中创建新设备，或者将现有设备从一个命名空间移动到另一个命名空间。

每个网络命名空间也有自己的路由表，事实上这是命名空间存在的主要原因。路由表目的地 IP 地址是关键所在，因此如果希望相同的目标 IP 地址在不同时间表示不同的内容，那么网络命名空间是需要的，这是 OpenStack Networking 需要的功能，它提供重叠的 IP 地址在不同的虚拟网络中实现。

每个网络命名空间也有自己的一套 iptables（用于 IPv4 和 IPv6）。因此，可以对不同命名空间中具有相同 IP 地址的流量以及不同的路由应用不同的安全性。

任何给定的 Linux 进程在特定的网络命名空间中运行。默认情况下，这是从其父进程继承的，但具有正确功能的进程可以切换到不同的命名空间。在实践中，这主要是使用 ip netns exec NETNS COMMAND ... 调用完成的，它启动 COMMAND 在名为 NETNS 的命名空间中运行。假设这样的进程向 IP 地址 A.B.C.D 发送消息，命名空间的作用是在该命名空间的路由表中查找 A.B.C.D，并且将该消息通过其传输到网络设备。

巩固与思考

①在互联网上收集 ip netns 命令，学习该命令有哪些子命令？有哪些功能？
②理解网络桥接结构、neutron-l3-agent 路由关系、veth 和 patch 连接，将你的认识描述出来，将你的疑点记录下来，通过互联网进行分析和解答。

项目六 维护公司云数据中心云主机

 项目情景

云涛公司已建设了云数据中心，现已正常运行，其中销售部门 5 台云主机，生产部门 5 台云主机，研发部门 3 台云主机，公司办公室 3 台云主机，售后部门 3 台云主机，经理室 3 台云主机，董事会 3 台云主机，财务室 3 台云主机，需要对云主机进行管理和维护。

网络管理员从信息中心主管处领取任务书，查看现场工作环境，查验设备维护要求；根据维护方案要求，制订运行维护实施方案；对云主机进行运行维护，撰写维护工作日志；定期将运行维护工作日志交主管。

要求网络管理员从信息中心主管处获取任务单，与客户沟通，完成云主机运行维护，交付客户验收确认，编写运行维护日志。

 项目目标

①了解云主机维护任务的内容；
②能叙述暂停云主机的作用；
③能描述备份云主机功能和作用；
④能描述备份云主机的方法；
⑤能描述恢复云主机功能和作用；
⑥归纳恢复云主机方法；
⑦能说出锁定云主机功能和作用；
⑧根据云涛公司云主机的维护需求实现云主机的暂停、锁定、恢复、备份、迁移维护；
⑨锻炼学生沟通、表达、合作能力，提升职业素养，养成乐观、积极向上的生活态度；

任务一 暂停和恢复实例及日志分析

学习目标

①能说出云主机暂停的需求场景；

②能描述暂停和恢复云主机的作用；
③能在 OpenStack 平台上完成暂停和恢复云主机；
④会查看分析日志。

任务内容

本任务是利用 OpenStack 云平台对数据中心的实例进行暂停和恢复操作，并分析 OpenStack 暂停和恢复实例过程，查看对应的日志信息。

任务实施

有时由于维护的需求，需要暂停实例，然后再恢复实例。OpenStack 暂停实例是通过 Pause 操作将实例的状态保存到宿主机的内存中，当需要恢复的时候，执行 Resume 操作，从内存中读回实例的状态，然后继续运行实例。

一、暂停和恢复实例

暂停实例的过程是用户向 nova-api 发送请求，nova-api 发送消息，nova-compute 执行操作来完成。

1. 暂停实例

以 xs_user01 用户身份登录，选择"项目→计算→实例"命令，选中要暂停的实例，单击右边的操作命令菜单，看到"暂停实例"，如图 6-1-1 所示。

图 6-1-1　暂停实例菜单

2. 查看暂停状态

单击图 6-1-1 的"暂停实例"后，在实例列表中可以看到选中实例的状态。在"状态"栏下，显示"暂停"，在"电源状态"栏下，显示"已暂停"，如图 6-1-2所示。

图 6-1-2 实例暂停状态

3. 恢复实例

在实例列表中，选中要恢复的实例，单击右边的"恢复实例"按钮，出现恢复实例窗口，如图 6-1-3 所示。

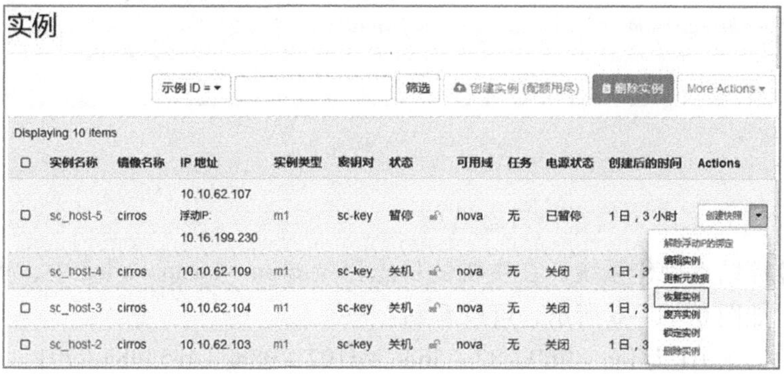

图 6-1-3 恢复实例

4. 查看恢复过程和结果

单击"恢复实例"按钮后，系统开始恢复实例，可以看到恢复实例的过程和结果，如图 6-1-4 所示。

图 6-1-4 恢复实例的过程和结果

从图 6-1-3 和图 6-1-4 恢复实例的过程和结果上看，当恢复实例时，任务栏中显示"正在进行恢复"，然后状态栏和电源状态栏很快就恢复到运行状态。该过程中，暂停实例，实际上 OpenStack 将实例的运行状态保存到内存中，如果收到恢复命令，可以快速从内存中唤醒，处于运行状态。

二、查看和分析日志

1. 通过 OpenStack 查看暂停和恢复日志

选中实例，双击实例，可以看到实例的属性信息，单击"操作日志"标签，可以清楚看到实例暂停和恢复信息，如请求 ID、动作、开始时间、用户 ID 等，如图 6-1-5 所示。

图 6-1-5 操作日志

2. 在计算结点上查看暂停日志信息

登录计算结点操作系统，在主机的日志目录 nova-compute.log 中，查看实例的暂停日志，如图 6-1-6 所示，可以看到：

暂停的请求 ID 为 req-9ff9ec82-56ec-4192-98af-4e53dbac2791。

请求用户 ID 为 f00cae1f2fa543a1b7b1dbcab5a18a20。

实例 ID 为 516303a0-a343-4bba-b312-9400b4f9a080。

时间为 2019-02-19 20：40：23.853，执行的动作过程是从 Pausing 到 Paused。

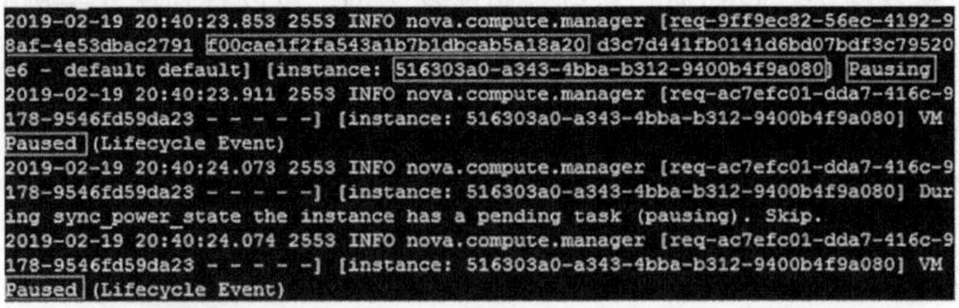

图 6-1-6 Nova 暂停日志

3. 在计算结点上查看恢复日志信息

如图 6-1-7 所示，可以看到：

恢复的请求 ID 为 req-9c777105-faea-478d-ac71-989dce44238b。

请求用户 ID 为 f00cae1f2fa543a1b7b1dbcab5a18a20。

实例 ID 为 516303a0-a343-4bba-b312-9400b4f9a080。

时间为 2019-02-19 20：44：28.299，执行的动作过程是从 Unpausing 到 Resumed。

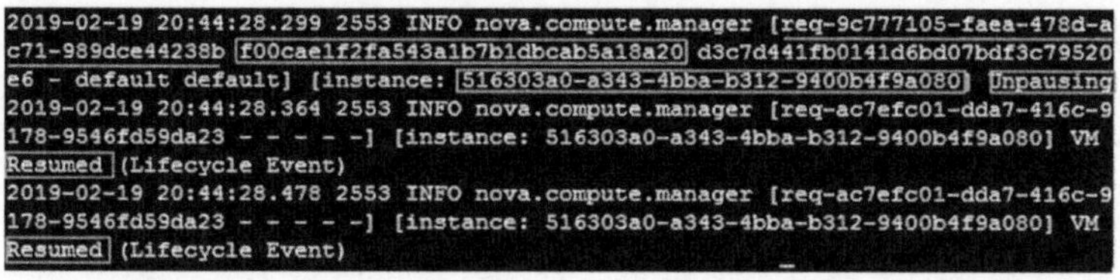

```
2019-02-19 20:44:28.299 2553 INFO nova.compute.manager [req-9c777105-faea-478d-a
c71-989dce44238b f00cae1f2fa543a1b7b1dbcab5a18a20 d3c7d441fb0141d6bd07bdf3c79520
e6 - default default] [instance: 516303a0-a343-4bba-b312-9400b4f9a080] Unpausing
2019-02-19 20:44:28.364 2553 INFO nova.compute.manager [req-ac7efc01-dda7-416c-9
178-9546fd59da23 - - - -] [instance: 516303a0-a343-4bba-b312-9400b4f9a080] VM
Resumed (Lifecycle Event)
2019-02-19 20:44:28.478 2553 INFO nova.compute.manager [req-ac7efc01-dda7-416c-9
178-9546fd59da23 - - - -] [instance: 516303a0-a343-4bba-b312-9400b4f9a080] VM
Resumed (Lifecycle Event)
```

图 6-1-7 Nova 恢复日志

从上面恢复日志操作过程上看，实例暂停后恢复过程实际是通过 Unpause 操作实现的，从 Unpausing 到 Resumed 实现。

巩固与思考

①在什么情况下需要暂停实例？暂停的实例是否占用主机的内存资源？
②通过主机的 nova 日志，进一步分析暂停和恢复的请求用户的 ID、请求时间、请求动作、请求的实例 ID，以及回复后所用的时间。还可以通过 nova-api.log 日志文件查看暂停和恢复过程。

任务二 挂起和恢复实例及日志分析

学习目标

①能说出云主机挂起的需求场景；
②能描述挂起和恢复云主机的作用；
③能在 OpenStack 平台上完成挂起和恢复云主机；
④会查看分析日志。

任务内容

本任务是利用 OpenStack 云平台对数据中心的实例进行挂起和恢复操作，并分析 OpenStack 挂起和恢复实例过程，查看对应的日志信息。

任务实施

有时由于维护的需求，需要挂起实例，然后再恢复实例。OpenStack 挂起实例是通过 Suspend 操作将实例的状态保存到宿主机的硬盘中。当需要恢复的时候，执行 Resume 操作，从硬盘中读回实例的状态，然后继续运行实例。

一、挂起和恢复实例

挂起实例的过程与暂停实例的过程相似，也是用户向 nova-api 发送请求，nova-api 发送消息，然后由 nova-compute 执行操作来完成。

1. 挂起实例

以 xs_user01 用户身份登录，选择"项目"→"计算"→"实例"命令，选中要挂起的实例，选择右边的操作命令菜单，看到"挂起实例"命令，如图 6-2-1 所示。

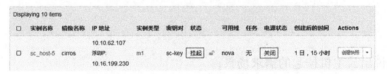

图6-2-1　挂起实例菜单

2. 查看挂起状态

选择图6-2-1"挂起实例"命令后,在实例列表中可以看到选中实例的状态,在状态栏下看到"挂起"状态,在电源状态栏下,状态显示"关闭",如图6-2-2所示。

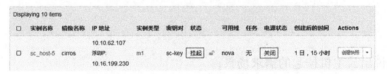

图6-2-2　查看挂起状态

3. 恢复实例

在实例的列表中,选中要恢复的实例,选择右边的"恢复实例"命令,出现恢复实例的窗口,如图6-2-3所示。

图6-2-3　恢复实例

4. 查看恢复结果

选择"恢复实例"命令后,系统开始恢复实例,可以看到恢复实例的过程和结果,如图6-2-4所示。

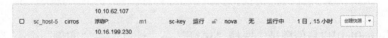

图6-2-4　查看恢复结果

从恢复实例的过程和结果上看，当恢复实例时，任务栏中显示"正在进行恢复"，然后状态栏和电源状态栏很快就恢复到运行状态。该过程中，挂起实例，实际上 OpenStack 将实例的运行状态保存到硬盘中，如果收到恢复命令，再从硬盘中读出数据，恢复实例，处于运行状态。

二、查看和分析日志

1. 通过 OpenStack 查看挂起和恢复日志

选中实例，双击实例，可以看到实例的属性信息，单击"操作日志"标签，可以清楚看到实例挂起和恢复信息，如请求 ID、动作、开始时间、用户 ID 等，如图 6-2-5 所示。

图 6-2-5　操作日志

2. 在计算结点上查看挂起日志信息

登录控制结点操作系统上，在主机的日志目录/var/log/nova# vim nova-api.log 中查看实例的挂起请求日志，如图 6-2-6 所示，可以看到：

挂起的请求 ID 为 req-0643dbfc-b706-472a-8d8f-7f9704411f25。

实例 ID 为 516303a0-a343-4bba-b312-9400b4f9a080。

时间为 2019-02-20 08：47：43.665。

申请用户是 f00cae1f2fa543a1b7b1dbcab5a18a20。

从 nova-compute.log 日志中可以清楚看到执行的挂起动作过程是从 Paused 到 Stopped。

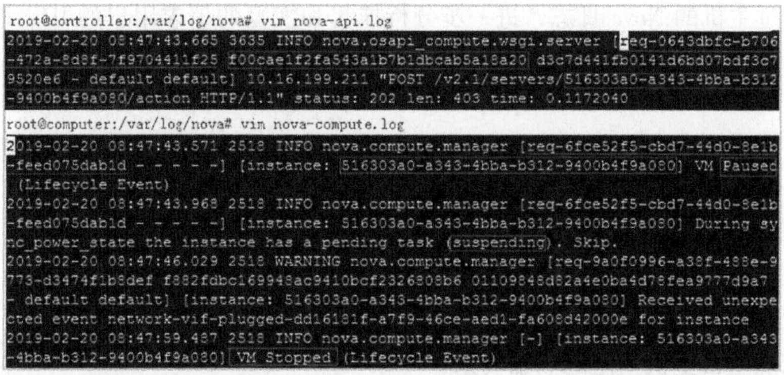

图 6-2-6　Nova 挂起日志

3. 在计算结点上查看恢复日志信息

如图6-2-7所示，可以看到：

恢复的请求 ID 为 req-e2b65612-fd46-48f2-9f86-3ae23f63d254。

实例 ID 为 516303a0-a343-4bba-b312-9400b4f9a080。

时间为 2019-02-20 08：51：02.766。

执行的动作过程是从 Resuming，Started，running 到 Resumed。

```
2019-02-20 08:51:02.766 2518 INFO nova.compute.manager [req-e2b65612-fd46-48f2-9f86-
3ae23f63d254 f00cae1f2fa543a1b7b1dbcab5a18a20 d3c7d441fb0141d6bd07bdf3c79520e6 - def
ault default] [instance: 516303a0-a343-4bba-b312-9400b4f9a080] Resuming
2019-02-20 08:51:03.392 2518 INFO os_vif [req-e2b65612-fd46-48f2-9f86-3ae23f63d254 f
00cae1f2fa543a1b7b1dbcab5a18a20 d3c7d441fb0141d6bd07bdf3c79520e6 - default default]
Successfully plugged vif VIFBridge(active=True,address=fa:16:3e:cd:3c:b7,bridge_name
='qbrdd16181f-a7',has_traffic_filtering=True,id=dd16181f-a7f9-46ce-aed1-fa608d42000e
,network=Network(9cae7a7d-5962-4221-b04e-9e8f2cb8e74a),plugin='ovs',port_profile=VIF
PortProfileOpenVSwitch,preserve_on_delete=False,vif_name='tapdd16181f-a7'])
2019-02-20 08:51:04.046 2518 INFO nova.compute.manager [req-6fce52f5-cbd7-44d0-8e1b-
feed075dab1d - - - -] [instance: 516303a0-a343-4bba-b312-9400b4f9a080] VM Started
(Lifecycle Event)
2019-02-20 08:51:04.209 2518 INFO nova.virt.libvirt.driver [-] [instance: 516303a0-a
343-4bba-b312-9400b4f9a080] Instance running successfully.
2019-02-20 08:51:04.252 2518 INFO nova.compute.manager [req-6fce52f5-cbd7-44d0-8e1b-
feed075dab1d - - - -] [instance: 516303a0-a343-4bba-b312-9400b4f9a080] During sync
_power_state the instance has a pending task (resuming). Skip.
2019-02-20 08:51:04.252 2518 INFO nova.compute.manager [req-6fce52f5-cbd7-44d0-8e1b-
feed075dab1d - - - -] [instance: 516303a0-a343-4bba-b312-9400b4f9a080] VM Resumed
(Lifecycle Event)
```

图6-2-7 Nova恢复日志

从上面恢复日志操作过程上看，实例挂起后恢复过程实际是通过 Resuming，Started 到 Resumed 实现。

从上面的操作过程上看，虽然挂起和暂停都是暂停实例，但是两者具有明显的区别，挂起是将实例的状态保存在磁盘上，暂停是保存在内存中，所以恢复被暂停的实例要比挂起快。挂起之后的实例，其状态是关闭的，而被暂停的实例状态是暂停状态。

从以上分析可以看出，当需要长时间暂停实例时，可以通过挂起操作将实例的状态保存到宿主机的磁盘上；当需要恢复的时候，执行恢复操作，从磁盘读回实例的状态，使之继续运行，这样可以节省宿主机的内存。

巩固与思考

①在什么情况下需要挂起实例？挂起的实例是否占用主机的内存资源？为什么？

②通过主机的 Nova 日志，进一步分析挂起和恢复的请求用户的 ID、请求时间、请求动作、请求的实例 ID，以及恢复后所用的时间。

任务三 锁定和解锁实例及日志分析

学习目标

①能说出云主机锁定的需求场景；

②能描述锁定和解锁云主机的作用；

③能在 OpenStack 平台上完成锁定和解锁云主机；
④会查看分析日志。

任务内容

本任务是利用 OpenStack 云平台对数据中心的实例进行锁定和解锁操作，并分析 OpenStack 锁定和解锁实例过程，查看对应的日志信息。

任务实施

有时由于维护的需要，防止用户对实例误操作，比如意外重启或删除，需要锁定实例，然后再解锁实例。OpenStack 锁定和解锁实例是通过 lock 和 unlock 操作实现的。

一、锁定和解锁实例

锁定和解锁实例的操作都是在 nova – api 中进行的，操作成功后 nova – api 会更新实例的状态为加锁状态，执行其他操作时，nova – api 根据加锁状态来判断是否允许。锁定和解锁实例不需要 nova – compute 的参与。

1. 锁定实例

以 xs_user01 用户身份登录，选择"项目"→"计算"→"实例"命令，选中要锁定的实例，选择右边的操作命令菜单，看到"锁定实例"，如图 6 – 3 – 1 所示。

图 6 – 3 – 1　锁定实例菜单

2. 查看锁定状态

选择图 6 – 3 – 1 的"锁定实例"命令后，在实例列表中可以看到选中实例的状态，在状态栏下看到"运行"状态，紧跟"运行"右边看到"🔒"处于锁定状态，在电源状态栏下，状态显示"运行中"，与锁定前没有发生变化，如图 6 – 3 – 2 所示。

3. 锁定状态试图软重启实例

在实例锁定的状态下，选中实例，选择右边的"软重启实例"菜单，出现图 6 – 3 – 3 所示提示界面，然后单击"软重启实例"按钮，出现操作错误的信息，如图 6 – 3 – 4 所示。无法实现软启动的操作。

图 6-3-2　查看锁定状态

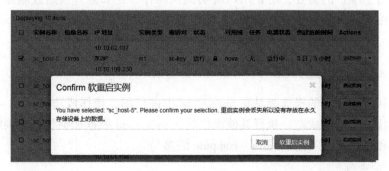

图 6-3-3　实例软重启

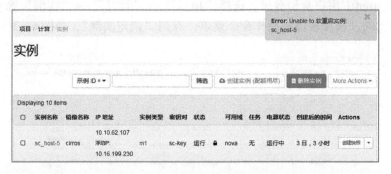

图 6-3-4　实例软重启错误

4. 锁定状态试图删除实例

在实例锁定的状态下，选中实例，选择右边的"删除实例"命令，出现图 6-3-5 所示提示界面，然后单击"删除实例"按钮，出现操作错误的信息，如图 6-3-6 所示。无法实现删除实例操作。

图 6-3-5　删除实例

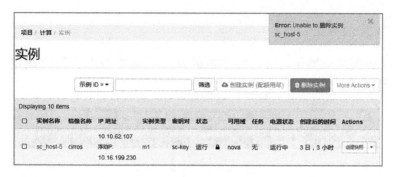

图6-3-6 实例删除失败

5. 解锁实例

在实例的列表中，选中要解锁的实例，选择右边的"解锁实例"命令，如图6-3-7所示。

图6-3-7 解锁实例菜单

6. 查看解锁过程和结果

选择"解锁实例"命令后，系统进行解锁实例，可以看到解锁实例的过程和结果，紧跟"运行"右边看到"🔓"处于解锁状态，如图6-3-8所示。

图6-3-8 解锁实例过程

从图6-3-2和图6-3-8锁定和解锁实例的过程和结果上看，当锁定和解锁实例以及在实例锁定状态下对实例的其他操作（例如软重启和删除）时，实例的任务栏、状态栏和电源状态栏的状态并没有发生变化，只是弹出操作信息。

二、查看和分析日志

①登录控制结点操作系统，在主机的日志目录中查看实例的锁定日志，如图 6 –3 –9 所示。

```
2019-02-21 21:03:43.551 3623 INFO nova.api.openstack.wsgi [req-cfb380cb-fd55-4da
2-9c56-01d8016e085d f00cae1f2fa543a1b7b1dbcab5a18a20 d3c7d441fb0141d6bd07bdf3c79
520e6 - default default] HTTP exception thrown: Instance 516303a0-a343-4bba-b312
-9400b4f9a080 is locked
```

图 6 –3 –9　操作日志

可以看到：暂停的请求 ID 为 req – cfedbdc1 – 24ac – 4b64 – add4 – 38b79d23fc22。

实例 ID 为 516303a0 – a343 – 4bba – b312 – 9400b4f9a080。

时间为 2019 – 02 – 21 21：08：04. 514。

申请用户是 f00cae1f2fa543a1b7b1dbcab5a18a20，执行的动作结果为 locked 状态。

②查看实例锁定后的删除日志信息。实例锁定后，对实例进行删除操作，系统将这些操作的信息记录下来，图 6 –3 –9 所示的日志信息详细记录了实例锁定后删除实例的信息。

从上面的信息中可以看出，锁定日志通过 nova – api 产生，一旦实例被锁定，对实例的删除操作将无法完成，如图 6 – 3 – 10 所示。

```
2019-02-21 21:08:04.515 3623 INFO nova.osapi_compute.wsgi.server [req-cfedbdc1-2
4ac-4b64-add4-38b79d23fc22 f00cae1f2fa543a1b7b1dbcab5a18a20 d3c7d441fb0141d6bd07
bdf3c79520e6 - default default] 10.16.199.211 "DELETE /v2.1/servers/516303a0-a34
3-4bba-b312-9400b4f9a080 HTTP/1.1" status: 409 len: 527 time: 0.0608208
```

图 6 – 3 – 10　nova 删除过程错误日志

巩固与思考

①在什么情况下需要锁定实例？锁定的实例是否占用主机的内存资源？为什么？

②自己操作锁定和解锁过程，进一步分析锁定和解锁的请求用户的 ID、请求时间、请求动作、请求的实例 ID。

任务四　创建快照和恢复实例及日志分析

学习目标

①能说出创建实例快照的需求场景；

②能描述创建快照和恢复云主机的作用；

③能在 OpenStack 平台上完成创建快照和恢复云主机；

④查看分析日志。

任务内容

本任务是利用 OpenStack 云平台对数据中心的实例进行创建快照和恢复操作，

并分析 OpenStack 创建快照过程，查看对应的日志信息。

任务实施

有时由于不当操作，操作系统出现故障，恢复操作系统可能比较麻烦，OpenStack 提供了快照功能，可以将操作系统当前运行的状态保存到快照中，需要的时候再将其恢复，减少维护的成本。OpenStack 制作实例快照是通过 Snapshot 操作将实例的状态保存到 Image 镜像文件中，恢复时利用该快照的 Image 重新创建一个新实例即可。

一、创建实例快照

创建实例快照的过程是用户向 nova – api 发送请求，nova – api 发送消息，然后由 nova – compute 执行操作来完成，最后将快照镜像保存到 Glance 中实现。

1. 创建快照

以 xs_user01 用户身份登录，选择"项目"→"计算"→"实例"命令，选中要创建快照的实例，单击右边的操作命令菜单，看到创建的实例快照，如图 6 – 4 – 1 所示。

图 6 – 4 – 1　创建的实例快照

2. 输入快照名称

单击图 6 – 4 – 1 "创建快照"按钮后，在弹出窗口中输入创建快照的名称，然后单击右下角的"创建快照"按钮，如图 6 – 4 – 2 所示。

图 6 – 4 – 2　输入快照名称

3. 查看创建快照过程

单击右下角的"创建快照"按钮后，在"镜像"列表中，可以看到快照生成的过程，通过排队、保存，最后生成运行状态，如图 6 – 4 – 3 所示。

207

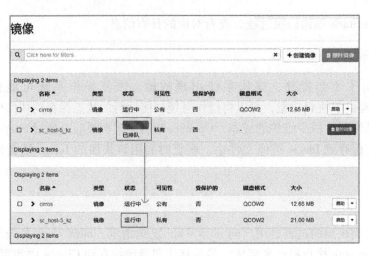

图 6-4-3 快照生成过程

4. 利用镜像创建实例

在"镜像"列表中单击右边"启动"命令，可以创建实例，如图 6-4-4 所示。

图 6-4-4 利用镜像创建实例

5. 输入创建实例名称

输入创建实例名称，如图 6-4-5 所示。

图 6-4-5 输入创建实例名称

6. 选择源

单击"选择源"的下拉按钮，在下拉列表中选择"实例快照"命令，如图6-4-6所示。

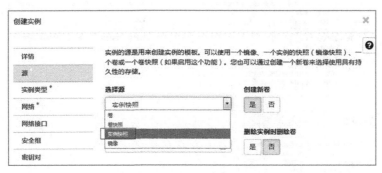

图6-4-6 选择源

7. 选择快照

在可用快照的列表中选择刚才创建的快照，如图6-4-7所示。

图6-4-7 选择快照

按照实例创建的步骤完成实例的创建，直至实例完成启动，达到利用快照恢复的操作。

二、查看和分析日志

1. 通过 OpenStack 查看快照信息

选中快照镜像并双击，可以看到快照的属性信息，如名称、ID、状态、创建时间、大小和所有者等信息，如图6-4-8所示。

图 6-4-8 查看快照信息

2. 在存储结点上查看 Glance 日志信息

登录到存储结点（本例中控制结点提供 Glance 服务）操作系统上，在主机的日志目录中查看快照镜像的信息，如图 6-4-9 所示，可以看到查看的请求 ID 为 req-4618c7c5-0a2d-42c3-94c2-68fc148e2957，时间为 2019-02-22 16：09：47.357，申请用户是 f00cae1f2fa543a1b7b1dbcab5a18a20，成功生成镜像 ID 是 ddfe5978-1fb8-42da-af2f-877074b8fb10，此处显示的镜像与图 6-4-8 显示的镜像 ID 所属用户是一致的。

图 6-4-9 镜像生成日志

3. 在计算结点上查看快照生成日志

如图 6-4-10 所示，可以看到快照生成由 nova-compute 完成，请求 ID 为 "req-285d7e33-92a6-40b7-9829-95a0f8531d0b"，时间为 2019-02-22 16：05：54.750，执行的动作过程是从 "instance snapshotting"，"VM Paused"，"Beginning cold snapshot process”，“VM Started”，“Snapshot extraced，beginning image upload”至“snapshot image upload complete”结束。从执行过程可以看出，创建实例快照时，先暂停实例，生成快照，重新启动实例；然后提取和上传快照；最后上传成功，由 Glance 保存。

```
2019-02-22 16:05:54.750 2510 INFO nova.compute.manager [req-285d7e33-92a6-40b7-9829-95a
0f8531d0b f00cae1f2fa543a1b7b1dbcab5a18a20 d3c7d441fb0141d6bd07bdf3c79520e6 - default d
efault] [instance: 516303a0-a343-4bba-b312-9400b4f9a080] instance snapshotting
2019-02-22 16:05:54.814 2510 INFO nova.compute.manager [req-2f597491-6194-4676-bc1d-ee6
c38ca10ec - - - - -] [instance: 516303a0-a343-4bba-b312-9400b4f9a080] VM Paused (Lifecy
cle Event)
2019-02-22 16:05:55.057 2510 INFO nova.compute.manager [req-2f597491-6194-4676-bc1d-ee6
c38ca10ec - - - - -] [instance: 516303a0-a343-4bba-b312-9400b4f9a080] During sync_power
_state the instance has a pending task (image_snapshot). Skip.
2019-02-22 16:05:55.722 2510 INFO nova.virt.libvirt.driver [req-285d7e33-92a6-40b7-9829
-95a0f8531d0b f00cae1f2fa543a1b7b1dbcab5a18a20 d3c7d441fb0141d6bd07bdf3c79520e6 - defau
lt default] [instance: 516303a0-a343-4bba-b312-9400b4f9a080] Beginning cold snapshot pr
ocess
2019-02-22 16:05:57.908 2510 INFO nova.compute.manager [req-2f597491-6194-4676-bc1d-ee6
c38ca10ec - - - - -] [instance: 516303a0-a343-4bba-b312-9400b4f9a080] VM Started (Lifec
ycle Event)
2019-02-22 16:05:58.045 2510 INFO nova.virt.libvirt.driver [req-285d7e33-92a6-40b7-9829
-95a0f8531d0b f00cae1f2fa543a1b7b1dbcab5a18a20 d3c7d441fb0141d6bd07bdf3c79520e6 - defau
lt default] [instance: 516303a0-a343-4bba-b312-9400b4f9a080] Snapshot extracted, beginn
ing image upload
2019-02-22 16:05:58.091 2510 INFO nova.compute.manager [req-2f597491-6194-4676-bc1d-ee6
c38ca10ec - - - - -] [instance: 516303a0-a343-4bba-b312-9400b4f9a080] During sync_power
_state the instance has a pending task (image_pending_upload). Skip.
2019-02-22 16:05:58.092 2510 INFO nova.compute.manager [req-2f597491-6194-4676-bc1d-ee6
c38ca10ec - - - - -] [instance: 516303a0-a343-4bba-b312-9400b4f9a080] VM Resumed (Lifec
ycle Event)
2019-02-22 16:05:58.224 2510 INFO nova.compute.manager [req-2f597491-6194-4676-bc1d-ee6
c38ca10ec - - - - -] [instance: 516303a0-a343-4bba-b312-9400b4f9a080] During sync_power
_state the instance has a pending task (image_uploading). Skip.
2019-02-22 16:05:58.349 2510 WARNING nova.compute.manager [req-cdf8c294-7b54-4cd3-bf4e-
a027d8384c5f f882fdbc169948ac9410bcf2326808b6 01109848d82a4e0ba4d78fea9777d9a7 - defaul
t default] [instance: 516303a0-a343-4bba-b312-9400b4f9a080] Received unexpected event n
etwork-vif-plugged-dd16181f-a7f9-46ce-aed1-fa608d42000e for instance
2019-02-22 16:05:58.791 2510 INFO nova.virt.libvirt.driver [req-285d7e33-92a6-40b7-9829
-95a0f8531d0b f00cae1f2fa543a1b7b1dbcab5a18a20 d3c7d441fb0141d6bd07bdf3c79520e6 - defau
lt default] [instance: 516303a0-a343-4bba-b312-9400b4f9a080] Snapshot image upload comp
lete
```

图 6-4-10 创建快照日志

从操作上看，快照实际就是将现在运行的实例的状况制作成镜像，以方便日后恢复或者根据该镜像创建其他实例，达到恢复实例的功能。

巩固与思考

①创建实例快照的作用是什么？

②自己创建快照，然后利用快照创建实例。通过主机的 Nova 日志，分析实例生成过程。

任务五 调整实例规格及日志分析

学习目标

①能说出调整云主机规格的需求场景；

②能描述调整云主机规格的作用；

③能在 OpenStack 平台上完成调整云主机规格；

④查看分析日志。

任务内容

本任务是利用 OpenStack 云平台对数据中心的实例进行规格调整操作,并通过日志分析 OpenStack 调整规格的过程。

任务实施

有时由于用户需求不同,可能需要增大实例的计算能力、存储空间,或者用户不必使用更大的计算能力、存储空间,这时就需要根据用户的实际需求调整实例的规格。用户使用资源太大,就要调小一些,以减小主机的压力;用户资源不够用,就要调大一点,以平衡用户的资源使用,使数据中心发挥更大的效能。

一、创建实例规格类型

新安装的系统本身没有实例规格类型,需要手工创建。本任务中前期实例使用的类型是 m1,其中包含 1 个 CPU, 100 MB 内存, 1 GB 硬盘空间的规格类型。

1. 查看销售部实例使用的实例类型

以管理员(admin)身份登录,选择"计算"→"实例类型"命令,可以看到 m1 实例类型,如图 6-5-1 所示。

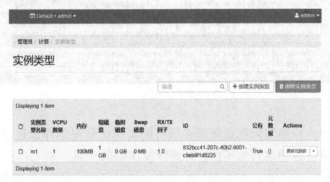

图 6-5-1 m1 实例类型

2. 创建 m2 实例类型

在实例类型页面,单击右上角的"创建实例类型"按钮,出现"创建实例类型"窗口,如图 6-5-2 所示,输入实例类型名称、VCPU 数量、内存、硬盘等参数,最后单击窗口右下角的"创建实例类型"按钮。

3. 查看创建完成的实例类型

创建完成 m2 实例类型后,在实例类型的列表中就出现了 m2 的实例类型,如图 6-5-3 所示。

二、调整实例大小

调整实例大小的过程实际是通过改变实例类型实现的,是用户向 nova – api 发送请求,nova – api 发送消息,然后通过 nova – scheduler 调度,由 nova – compute 执行操作来完成。

1. 调整实例大小

以 xs_user01 用户身份登录，选择"项目"→"计算"→"实例"命令，选中要调整的实例，选择右边的操作命令菜单，看到"调整规格"，如图 6-5-4 所示。

图 6-5-2 创建实例类型

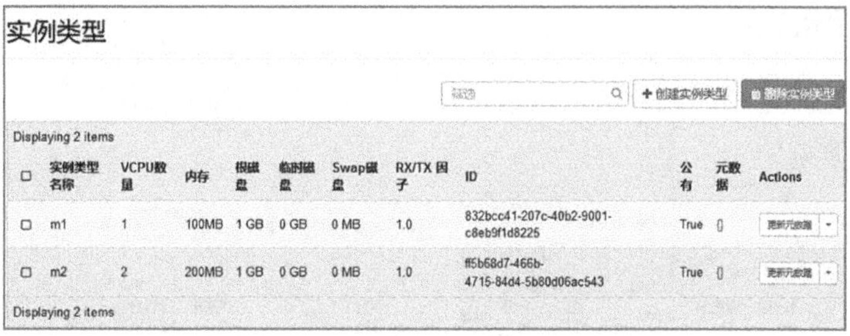

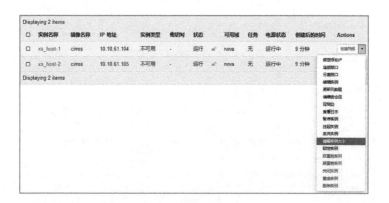

图 6-5-3 创建完成的实例类型

图 6-5-4 调整实例大小

2. 选择实例类型

选择"调整实例大小"命令后（见图6-5-4），弹出"调整实例大小"窗口，在"新的实例类型"下拉列表中，选择实例类型m2，如图6-5-5所示。

图6-5-5 选择实例类型

3. 开始调整

单击图6-5-5右下角的"调整大小"按钮后，进入调整过程，如图6-5-6~图6-5-8所示。

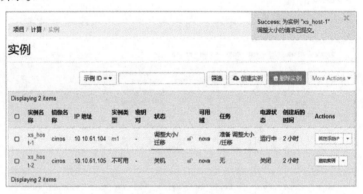

图6-5-6 调整提交成功

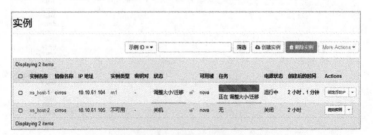

图6-5-7 正在调整过程

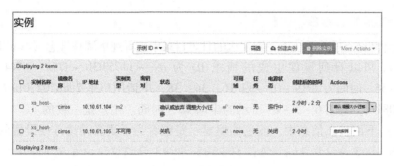

图 6-5-8 调整确认

从调整的过程中可以看出，该调整也就是迁移的过程，将规格 m1 调整为 m2。最后让用户进行确认调整，用户还可以通过选择右边的下拉命令放弃调整。

4. 调整完成

调整完成，实例正常运行，规格类型由 m1 调整为 m2，如图 6-5-9 所示。

图 6-5-9 实例规格调整完成

三、查看和分析日志

1. 通过 OpenStack 查看规格调整信息

选中实例并双击，可以看到实例的操作日志，可以清楚看到调整日志信息，如请求 ID、动作、开始时间、用户 ID 等信息，如图 6-5-10 所示。

图 6-5-10 实例操作日志信息

2. 查看调整过程日志信息

登录计算结点操作系统上，在主机的日志目录中查看规格调整日志（/var/log/nova/nova.conf），可以看到镜像生成的请求ID为req-bb759f3b-f75a-4944-8f28-4946b0015c56，时间为2019-03-11 16：34：38，申请用户是2cdb20270bb741b09cc77064b4f081fd，与图6-5-10所示的申请ID、时间、用户是一致的。

说明：下面日志信息中，蓝色加粗显示是编者为了读者阅读方便设置的。

2019-03-11 16：34：38.885 1593 INFO nova.compute.claims [req-bb759f3b-f75a-4944-8f28-4946b0015c56 2cdb20270bb741b09cc77064b4f081fd 54240ff310d34748bffd1edc79a40c76 - default default] [instance: 5a676283-5677-40c0-9d0a-73cf5a568868] **Attempting claim on node computer: memory 200 MB, disk 1 GB, vcpus 2 CPU**。

2019-03-11 16：34：38.885 1593 INFO nova.compute.claims [req-bb759f3b-f75a-4944-8f28-4946b0015c56 2cdb20270bb741b09cc77064b4f081fd 54240ff310d34748bffd1edc79a40c76 - default default] [instance: 5a676283-5677-40c0-9d0a-73cf5a568868] **Total memory: 9999 MB, used: 712.00 MB**

2019-03-11 16：34：38.886 1593 INFO nova.compute.claims [req-bb759f3b-f75a-4944-8f28-4946b0015c56 2cdb20270bb741b09cc77064b4f081fd 54240ff310d34748bffd1edc79a40c76 - default default] [instance: 5a676283-5677-40c0-9d0a-73cf5a568868] **memory limit not specified, defaulting to unlimited**

2019-03-11 16：34：38.886 1593 INFO nova.compute.claims [req-bb759f3b-f75a-4944-8f28-4946b0015c56 2cdb20270bb741b09cc77064b4f081fd 54240ff310d34748bffd1edc79a40c76 - default default] [instance: 5a676283-5677-40c0-9d0a-73cf5a568868] **Total disk: 97 GB, used: 2.00 GB**

2019-03-11 16：34：38.886 1593 INFO nova.compute.claims [req-bb759f3b-f75a-4944-8f28-4946b0015c56 2cdb20270bb741b09cc77064b4f081fd 54240ff310d34748bffd1edc79a40c76 - default default] [instance: 5a676283-5677-40c0-9d0a-73cf5a568868] **disk limit not specified, defaulting to unlimited**

2019-03-11 16：34：38.887 1593 INFO nova.compute.claims [req-bb759f3b-f75a-4944-8f28-4946b0015c56 2cdb20270bb741b09cc77064b4f081fd 54240ff310d34748bffd1edc79a40c76 - default default] [instance: 5a676283-5677-40c0-9d0a-73cf5a568868] **Total vcpu: 4 VCPU, used: 2.00 VCPU**

2019-03-11 16：34：38.887 1593 INFO nova.compute.claims [req-bb759f3b-f75a-4944-8f28-4946b0015c56 2cdb20270bb741b09cc77064b4f081fd 54240ff310d34748bffd1edc79a40c76 - default default] [instance: 5a676283-5677-40c0-9d0a-73cf5a568868] vcpu limit not specified, defaulting to unlimited

2019-03-11 16:34:38.888 1593 INFO nova.compute.claims [req-bb759f3b-f75a-4944-8f28-4946b0015c56 2cdb20270bb741b09cc77064b4f081fd 54240ff310d34748bffd1edc79a40c76 - default default] [instance: 5a676283-5677-40c0-9d0a-73cf5a568868] Claim successful on node computer

2019-03-11 16:34:38.930 1593 INFO nova.compute.resource_tracker [req-bb759f3b-f75a-4944-8f28-4946b0015c56 2cdb20270bb741b09cc77064b4f081fd 54240ff310d34748bffd1edc79a40c76 - default default] Updating from migration 5a676283-5677-40c0-9d0a-73cf5a568868

2019-03-11 16:34:39.143 1593 INFO nova.compute.manager [req-bb759f3b-f75a-4944-8f28-4946b0015c56 2cdb20270bb741b09cc77064b4f081fd 54240ff310d34748bffd1edc79a40c76 - default default] [instance: 5a676283-5677-40c0-9d0a-73cf5a568868] Migrating

2019-03-11 16:34:51.414 1593 INFO nova.compute.resource_tracker [req-aa5b889e-773a-4a0a-a34b-8bafe5df37c5 -----] Updating from migration 5a676283-5677-40c0-9d0a-73cf5a568868

2019-03-11 16:34:51.589 1593 INFO nova.compute.resource_tracker [req-aa5b889e-773a-4a0a-a34b-8bafe5df37c5 -----] Final resource view: name=computer phys_ram=9999MB used_ram=912MB phys_disk=97GB used_disk=3GB total_vcpus=4 used_vcpus=4 pci_stats=[]

2019-03-11 16:35:40.623 1593 INFO nova.virt.libvirt.driver [req-bb759f3b-f75a-4944-8f28-4946b0015c56 2cdb20270bb741b09cc77064b4f081fd 54240ff310d34748bffd1edc79a40c76 - default default] [instance: 5a676283-5677-40c0-9d0a-73cf5a568868] Instance failed to shutdown in 60 seconds.

2019-03-11 16:35:40.966 1593 INFO nova.virt.libvirt.driver [-] [instance: 5a676283-5677-40c0-9d0a-73cf5a568868] Instance destroyed successfully.

2019-03-11 16:35:42.603 1593 INFO nova.virt.libvirt.driver [req-bb759f3b-f75a-4944-8f28-4946b0015c56 2cdb20270bb741b09cc77064b4f081fd 54240ff310d34748bffd1edc79a40c76 - default default] [instance: 5a676283-5677-40c0-9d0a-73cf5a568868] Creating image

2019-03-11 16:35:42.738 1593 INFO os_vif [req-bb759f3b-f75a-4944-8f28-4946b0015c56 2cdb20270bb741b09cc77064b4f081fd 54240ff310d34748bffd1edc79a40c76 - default default] Successfully plugged vif VIFBridge(active=True, address=fa:16:3e:db:18:c6, bridge_name='brq4ebee343-8e', has_traffic_filtering=

True, id = 3acb585c - 87de - 40bc - a28c - 93328398d651, network = Network (4ebee343 - 8e49 - 47c9 - a267 - bd15cbbc0c51), plugin = 'Linux_Bridge', port_profile = <? >, preserve_on_delete = False, vif_name = 'tap3acb585c - 87')

2019 - 03 - 11 16: 35: 44.112 1593 INFO nova.compute.manager [req - a276c07d - ba96 - 410f - a8c1 - 5111e5b3c487 - - - - -] [instance: 5a676283 - 5677 - 40c0 - 9d0a - 73cf5a568868] VM Resumed (Lifecycle Event)

2019 - 03 - 11 16: 35: 44.117 1593 INFO nova.virt.libvirt.driver [-] [instance: 5a676283 - 5677 - 40c0 - 9d0a - 73cf5a568868] Instance running successfully.

2019 - 03 - 11 16: 35: 44.155 1593 WARNING nova.compute.manager [req - 296b74ec - 5b8d - 4283 - 8304 - cad9a64e0276 12bb6529bacf4554af7ec 3aabb43ee66 af99ae95658a4a779671a73b20423a1f - default default] [instance: 5a676283 - 5677 - 40c0 - 9d0a - 73cf5a568868] Received unexpected event network - vif - unplugged - 3acb585c - 87de - 40bc - a28c - 93328398d651 for instance with vm_state active and task_ state resize_finish.

2019 - 03 - 11 16: 35: 44.251 1593 INFO nova.compute.manager [req - a276c07d - ba96 - 410f - a8c1 - 5111e5b3c487 - - - - -] [instance: 5a676283 - 5677 - 40c0 - 9d0a - 73cf5a568868] During sync_power_ state the instance has a pending task (resize_finish). Skip.

......

2019 - 03 - 11 16: 37: 21.222 1593 INFO nova.scheduler.client.report [req - 42724f84 - 9c5f - 42f5 - b99e - ee1e0660e3ea 2cdb20270bb741b0 9cc77064b4f081fd 54240ff310d34748bffd1edc79a40c76 - default default] Deleted allocation for instance 04e11810 - 7423 - 4434 - 90c4 - 1837 aaf962c4

2019 - 03 - 11 16: 37: 21.222 1593 INFO nova.compute.manager [req - 42724f84 - 9c5f - 42f5 - b99e - ee1e0660e3ea 2cdb20270bb741b09cc77 064b4f081fd 54240ff310d34748bffd1edc79a40c76 - default default] Source node computer confirmed migration 04e11810 - 7423 - 4434 - 90c4 - 1837aaf962c4; deleted migration - based allocation

从以上可以看到规格调整由 nova – compute 完成，执行的动作过程如下：

①申请内存 200 MB，磁盘 1 GB，VCPU 两个。日志信息："Attempting claim on node computer: memory 200 MB, disk 1 GB, vcpus 2 CPU"。

②查看系统内存状况。日志信息："Total memory: 9 999 MB, used: 712.00 MB"。

从日志信息中可以看出，总内存为 9 999 MB（日志信息 Total memory: 9 999 MB），已用内存 712.00 MB（日志信息 used: 712.00 MB）。

③内存限制问题。日志信息："memory limit not specified, defaulting to unlimited"。

从日志信息中可以看出，内存限制未指定，默认为无限，经过对比，可以满足需求。

④查看系统磁盘状况。日志信息："Total disk：97 GB, used：2.00 GB"。

从日志信息中可以看出，总磁盘大小为 97 GB，已用磁盘 2.00 GB。

⑤磁盘限制问题。日志信息："disk limit not specified, defaulting to unlimited"。

从日志信息中可以看出，硬盘限制未指定，默认为无限，经过对比，可以满足需求。

⑥查看系统 CPU 状况。日志信息："Total vcpu：4 VCPU, used：2.00 VCPU"。

从日志信息中可以看出，总 VCPU 为 4 个，已用 2.00 个。

⑦CPU 限制问题。日志信息："vcpu limit not specified, defaulting to unlimited"。

从日志信息中可以看出，CPU 限制未指定，默认为无限，经过对比，可以满足需求。

⑧申请成功。日志信息："Claim successful on node computer"。

经过内存、磁盘和 CPU 的查看和对比，在计算结点上申请成功。

⑨迁移更新。日志信息："Updating from migration 5a676283 – 5677 – 40c0 – 9d0a – 73cf5a568868"。

从日志信息中可以看出，"5a676283 – 5677 – 40c0 – 9d0a – 73cf5a568868" 为实例的 ID。

⑩迁移。日志信息："［instance：5a676283 – 5677 – 40c0 – 9d0a – 73cf5a568868］Migrating"。

从日志信息中可以看出，正在进行迁移。

⑪生成资源报告。日志信息："Final resource view：name = computer phys_ram = 9999 MB used_ram = 912 MB phys_disk = 97 GB used_disk = 3 GB total_vcpus = 4 used_vcpus = 4 pci_stats = ［］"。

从日志信息中可以看出，现在的物理内存为 9999 MB，用去 912 MB，物理磁盘为 97 GB，用去 3 GB，总 VCPU 个数为 4 个，用去 4 个。

⑫销毁当前实例。日志信息："Instance failed to shutdown in 60 seconds" 和 "Instance destroyed successfully"。

从日志信息中可以看出，在 60 s 内未成功关闭实例，但是被摧毁成功。

⑬创建镜像。日志信息："Creating image"。

从日志信息中可以看出，重新按照新的实例类型创建镜像。

⑭重新启动镜像。日志信息："Successfully plugged vif VIFBridge"。

⑮网卡驱动成功安装。日志信息："VM Resumed (Lifecycle Event)"。

⑯恢复成功。日志信息："Instance running successfully" 运行成功。

⑰调整完成。日志信息："During sync_power_state the instance has a pending task (resize_finish)"。

从日志信息中可以看出，同步状态完成，调整大小完成。

⑱还原过程资源。日志信息："Deleted allocation for instance"。

⑲删除迁移过程中的实例资源。日志信息："Source node computer confirmed migration

04e11810-7423-4434-90c4-1837aaf962c4；deleted migration-based allocation",确认源结点基于迁移过程分配的资源。

从日志信息中可以看出，实例进行大小的调整，通过迁移（Migrate）操作实现，迁移操作的作用是将实例从当前的计算结点迁移到其他结点上（日志信息：updating from migration，migrating）。本例是在一个计算结点上完成的。

从操作上看，调整过程中首先申请内存、磁盘、VCPU，查看系统资源是否满足调整需求。经查看，可以满足需求，申请成功。然后启动调整过程，关闭实例并检查成功后，创建镜像，配置驱动，启动 VM，运行实例，调整成功。

巩固与思考

自己对实例进行迁移操作，通过主机的 Nova 日志，分析迁移过程。